進化する人体

虫垂、体毛、親知らずはなぜあるのか

Spare Parts : In Praise of Your Appendix and Other Unappreciated Organs

キャロル・アン・リンツラー
Carol Ann Rinzler 著
松浦俊輔［訳］
Matsuura Shunsuke

柏書房

進化する人体——虫垂、体毛、親知らずはなぜあるのか

まえがき 5
第1章 みいつけた――虫垂 17
第2章 羽毛と毛皮――体毛 49
第3章 尾の骨のお話――尾骨 75
第4章 耳の輪――耳介筋 97
第5章 ぱちり――第三の瞼 117
第6章 白い歯――親知らず 139

第7章　なくてもよいもの　165
第8章　未来の人間　183
第9章　追記　201
註　254
図版　255
訳者あとがき　256
索引

不撓不屈のエージェント、フィリス・ウェストバーグ、
創造性あふれる担当編集者、マイケル・ルイス
いつものように夫、ペリー・ランツに

まえがき

「昨夜は、何が、人をして未発見のことを発見したと言えるようにするのかと考えを巡らせました。

それは非常に悩ましい問題です」

——チャールズ・ダーウィン（ジョン・マレー編）『一世紀分の一家の手紙、一七九二～一八九六』[1]

チャールズ・ダーウィンの『種の起源、自然淘汰、つまり生きるための闘争で有利な種族が残ることによる』の初版（一八五九）第一三章の末尾近くに紛れ込んで、「未発達だったり、萎縮していたり、未完成だったり」する体の部分、一部の動物や植物がどう進化したかの証拠かもしれないものを、そっとささやかに集めたところがある。クジラの胎児の歯、飛ばない鳥の翼、雄花の未発達の雌蘂（花の雌部分）というふうに。そこに含まれた唯一のヒトの組織が、哺乳類の雄の乳房だ。それから一二年後、『人間の由来、および性に関連する淘汰』（一八七一）では、ダーウィンは私たちの体について、虫垂、体毛、尾骨、耳介筋、「第三の」瞼（まぶた）、親知らずという、六項目を加えた。

その後、不要な組織や器官が競って特定された。ドイツの解剖学者、ローベルト・ヴィーデルスハイムが一八九三年に出版した『人間の構造——その過去の歴史の指標』になると、何と八六もの痕跡器官、つまりかつては人体にとって今よりも重要だった器官が挙げられている。そのリストには、静脈の弁、松果体、涙腺、胸腺、甲状腺、足の第三指、第四指、第五指の小さな骨、さらには満開のビクトリア時代風の上品さでクリトリスが入っていた（これですべてではない）。

しかし結論に飛びつくのは危険な戯れだ。一八七一年のチャールズ・ダーウィンは虫垂を「痕跡的」と分類し、それ以後、人々はそれを「無用」に置き換えてしまった。ところが一般に思われているのとは逆に、虫垂は医学の歴史では枢要な存在となっている。虫垂は、古代エジプトの死者の処理をする神官が初めてそれを見て以来、何千年かの間、ずっと西洋人の目を逃れていた。やっと顔を出したのは、死体解剖が一般的になり、イタリア・ルネサンスの画家や解剖学者が、教会による人体解剖の禁止に逆らってそれを発見してからのことだった。レオナルド・ダ・ヴィンチはこれを、小腸と大腸のつなぎ目にある「小さな耳」と呼んだ。ひとたび特定されてからの虫垂は、一九世紀末には外科医学の発達で先頭に立つ役割を演じることになった。今日では、消化器系を調べるときや免疫機能に登場し、一方、実務的な外科医は、損傷を受けた尿管を交換するために虫垂を使っている。

先に挙げたヴィーデルスハイムが不必要とした部分の価値を物語る、同様の事実がいくつかある。足の指はすべてそろって足で立ったときのバランスを保つ。静脈の弁は血液が逆流しないようにしている。ホルモンを分泌する胸腺や甲状腺、目を潤す涙腺の価値、さらにはマスターズとジョンソンの性科学者チームや、性生活のある女性のおかげだが、クリトリスの価値がわからない人がいようか。

それでも、ダーウィンの六項目は今も人を魅了する。

ダーウィンの理論や痕跡器官のリストは当初から、この世界は人参から人間まで、正確に今（あるいは一八五九年当時に）あるように創り主が創造したと論じる厳格な創造主義者と、創造の計画の一部として身体の修正があったことを認める宗教的リベラルとの、熱い論争を促した。一八六〇年六月三〇日、オックスフォード大学博物館で両陣営があいまみえ、オックスフォード大司教のサミュエル・ウィルバーフォースがイギリスの生物学者で解剖学者のトマス・ハクスリーに、あなたのご先祖の猿は、お祖母さん方ですか、お祖父さん方ですかと尋ねたと言われる。ハクスリーは、「私に向けられたご質問が、祖父としてみすぼらしい猿を持ちたいか、自然に高い資質を与えられ、大いに影響力を有しながら、その力と影響力を、ただまじめな科学の議論にからかいを持ち込むだけの目的のために行使する人間を持ちたいかということであれば、私はためらうことなく猿の方と断言します」と言ったと伝えられる。[2]

その夜、誰が誰に何を言ったか、正確なところについては少々議論があるが、科学者ダーウィンがハクスリーの側にいたことは疑いない。ダーウィンは結婚前、将来の妻エマ・ウェッジウッドに、「自分は生命の歴史を書き換える作業をしていて、自分が確信するところでは、すべての生物は一つの共通祖先の子孫で、生物種は神の際限のない創造性のせいではなく、盲目的で機械的な過程が生物種を何億年という年月にわたって変化させた産物なのだ」と打ち明けた。対するエマは婚約者に、お願いだから聖書を読み直してと応じた。ダーウィンの不信心のおかげで自分たちが死後離ればなれになることを恐れてのことだった。ダーウィンは考えを変えなかった。しかしエマの反応は、自分の考えを他の人々に納得させることがいかに難しいかをチャールズに示していた。きちんとした証拠もなしにこの理論を発表したりしたら、批判はとんでもないことになるだろう。自分の科学者としての経歴もだめになる。[3]

当の証拠はレオナルド・ダ・ヴィンチやミケランジェロとともに始まっていた。二人を始めとする人々が、教会の掟を無視して人体を解剖するほど大胆になると、隠れていた人体各部が発見されたり正しく特定されたりするのは必然だった。私たちが人体の構造も含め、何についてもすべて知っているなどと言えば馬鹿げている。ただ実際には、確かにそこに近いところにはきている。二〇一三年八月、ベルギーのある整形外科医が、人の膝に新たな結合組織を発見したと発表したとき、他の人々はすぐに、その「真珠のような、抵抗力のある、繊維質の」組織は、フランスの外科医ポール・スゴンが一八七九年に発見していると指摘したほどだ。[4]

　ダーウィンの六項目で謎として残るのは機能だ。たとえば、近年の研究では、虫垂は私たちの免疫系に出番があると説かれ、あらためて痕跡器官かどうかという根幹にかかわる問題——また一部の人々にとっては、誰が人間やその各部分を創造したかというやはり根幹にかかわる問い——が持ち出されることになった。しかしすべての問いに答えが一つだけということはない。私たちが理性あるもの（ホモ・サピエンス）への階梯を昇る際に分かれてきた動物との類似と差異の両方を考えよう。それからこんなことを考える。ダーウィン論争では、この提案が示唆するように、どちらの側を選んでもそれを支持する証拠があるのだ。

　あらかじめお断りしておくと、私はそれを認める。だから調べたいのだ。何と言っても、個体の形質や生活に付着している、あるいは一つの事象や一つの境遇を定義する、変わった事実を探し出して、自分が発見したことを人に教えることほど満足できることがあろうか。語源は申し分ない例の一つで、本書のあちこちで、（たいてい）ギリシア語やラテン語の語源にさかのぼる、見馴れないかもしれない（そうでもないかもしれない）言葉にお目にかかるだろう。ギリシア語もラテン語にさかのぼれるのも、便利なEtymology Online Dictionary〔『語源オンライン辞典』〕、http://etymonline.com/index.phpや、私が自分で持っている、『ウェブスター新国際英語大辞典』一九四一年版のおかげだ。可能な場合には、私は個人の生没年を記し、その人の歴史上の位置を明らかにしたい。

余談、というか、当該の主題が特異であるおかげで入り込めることもある文学的な脇道、横道も好きだ。たとえば、

●虫垂を調べると、人だけでなく、医学思想や医療の進化の物語を語ることにもなる。
●私たちの体毛について考えると、展覧会の絵にたどり着く。たとえば、ギュスターヴ・クールベの「世界の起源」が、パリのオルセー美術館にあって、今も興味深い感情をかき立てている。さらに食事にも至る。鶏料理を切り分ける前に、そのヘモグロビンがあなたのヘモグロビンとどんなに似ているかを考えてもいいかもしれない。
●尻尾(テイル)のお話(テイル)をするときには、二つの変わった文芸作品を出典にとった引用が出てくる。ジョージ・オーウェルの『動物農場』と、クジャクの尻尾と男性のファッションとの関係を明らかにした文章だ。後者の関係を考えたのはチャールズ・ダーウィンではなく、その第五子で次男、ジョージ・ハワード・ダーウィンだった。父の発見に対する想像力あふれる応答は、本書第9章「追記」に全文を転載した。
●人間の耳の筋肉を調べると、旧世界猿と新世界猿の解剖学的特徴に立ち寄ったり私たちの耳に届く音の聞き取り方を称える一九世紀の魅力的な詩に寄り道できたりする。
●「第三の瞼」の歴史を見る際には、数字を通じて意外に得るところのある瞬きの科学を見ることになる。

●親知らずの価値を評価すると、ごく自然に、地球史上の何とか代、何とか紀、何とか世が並ぶことになり、それによって、ワニがその歯を残しているのに、親戚である鳥類は失うことになった瞬間を特定することができる。

誰もが私のように脇道に喜ぶわけではないので、寄り道が本筋から通常より大きく逸れる場合には、私はそれを囲みか巻末註にまとめ、本文の流れを維持するようにした。もちろん、各章の最初の方から、途中を飛ばし、末尾部分にある、なぜ当該の部分が、ダーウィンは余分と考えても、実はそうでもないかもしれないかを、手早く（しかし不完全に）説明した結論に進んでもよい。

ここで出典について一言。手に入る場合は一次資料を、使いやすいときは二次資料を、さらに、私が自分で使いそうと思っていたよりも頻繁にウィキペディアを使った。現在、過去、未来のあらゆる情報が置かれているウィキペディアは、少々いかがわしかった当初の頃より大きく変わっている。今日ではそれは驚くほど完備していて、驚くほど正確でもある。疑う人々には、この頁にしおりをはさんで、すぐに第5章へ向かい、さらに頁をめくって「ものもらい（スタイ）」について、私が自分の弁論を終える巻末註の頁まで進むことをお薦めする。また、本書で引かれているインターネット上の資料は、二〇一六年に参照した時点では確かに生きていた。

最後に、ダーウィンから学べる教訓があるとしたら、私たちがそれ以前の自分、あるいはもっと適切には霊長類の親戚と、見事に違うことではなく、共通の部分がかくも多いということだ。一九世紀、人が自らを他の動物から、場合によっては無知のなせるわざで他の「劣った」人間から、科学的に分離するようになった頃、ダーウィンの発見は、われわれの体について、革新的でもあり、時期尚早でもあった再評価に導いた。ダーウィンも当時の人々も、人間の構造を真に検証するための道具がなく、表面、あるいはそのすぐ下に見えたものに依拠していた。それは概して十分役に立っていたが、チャールズ・ダーウィンが今生きていれば、それ以前やそれ以後の多くの科学者と同様、自分の見方を修正するだろう。つまり今になって見れば、私たちのどの部分が役に立っていて、どの部分がそうでないかを再考することになる。

医学的な問題が専門のライターである私は、ダーウィンとは知りたがりのアマチュアとして出会った。最初は虫垂についての否定的な見方に関心を抱いたファンとして、それから必然的に、人間の起源を発見する点での見事さについては異論の余地はない、この並外れた人物の熱心な信徒として。しかしよく言われるように、ヒーローでさえ、必ずズボンの片方に両足をつっ込むようなどじをする。時が経つにつれて、私たちは自分自身の内外の世界についての理解を広げてきた。私の好きな医師の一人に、ニューヨーク大学ラゴーン医療センター胃腸科を運営し、仕事で数々の虫垂を見たことがあるマーク・ポチャピンがいるが、チャールズ・ダーウィンがこの二一世紀にいたら、そのポチャピンの言葉を、私と同様に受け入れるだろうと思う。「人体は見事にできていて、たまたまそこにあるようなものはない」。

チャールズ・ロバート・ダーウィンがいたところ

チャールズ・ダーウィンの名を知っていれば、ガラパゴス諸島、正式にはコロン諸島のことや、そこに棲む、とくにフィンチと呼ばれるスズメに似た鳥がダーウィンの進化研究を刺激し、強化したことも聞いたことがあるだろう。しかし、その一八の小さな火山島からなる、そこを領有するエクアドルの海岸から九〇〇キロほど離れた群島が実際にどのあたりにあるか、正確にご存じだろうか。その島々の名はご存じだろうか。アルファベット順で言うと、バルトラ、バルトロメ、ダーウィン、エスパニョラ、フェルナンディナ、フロレアナ、ヘノベサ、イサベラ、マルチェナ、ピンタ、ピンソン、ラビダ、サンクリストバル、サンタクルス、サンタフェ、サンチアゴ、セイマーノルテ、ウォルフとなる。一九七九年、ガラパゴス諸島はユネスコの世界遺産に選ばれたことはご存じだろうか。たぶんご存じないだろう。しかし、あなたがどこにいて、そこが世界の中心だと思っていようと、確かなことが一つ、ウィキペディアには、ダーウィンが寄ったこの地の申し分ない姿の地図がある（http://www.pacificschoolserver.org/Wikipedia/images/839/83989.png.htm)。目の前の、エクアドルの西の白い点が、ふさわしくも西半球のほぼ中心にあるこの群島を示している。もちろん、私たちの由来と、そこからここまでたどり着いたいきさつに関する、ダーウィンの革新的な理論の中心でもある。

ダーウィン用語集

チャールズ・ダーウィンは、とくに科学では言葉が重要だということを理解していた。イエス、ノー、真、偽、実験、仮説、理論、法則、反復可能、予備的、可能性、偶然ではない――私たちはこうした言葉を、「私はそう思う」から、「間違いなく正しい」に至る、科学研究のさまざまな段階を表すために用いる。

ダーウィンは科学の語彙を豊富にし、新しく発見された、あるいは再発見された事実、場合によっては空想を記述する言葉に、新しい、幅の広がった意味を与えた。

Atavism〔先祖返り〕――ラテン語で「先祖」を意味する*atavus*（アタウス）という単語に由来し、古い型に戻ることを表す。生物学では、これは現代に生まれる個体が、それが属する種からはとっくに消えている形質をもって生まれることを意味する。先祖返りは、それを引き起こす遺伝子が休眠していたのに、その個体ではそれを抑止する他の遺伝子が活動しなくなるために起きることがある。あるいは第5章で記すように、人為的に刺激されて、場合によっては歯のある鶏ができたりする。

Characters〔形質〕は特徴となる性質。「派生形質」と言えば、変化した形質のこと。動物のさまざまな尻尾の形、あるいはその消失がその一例で、大型の類人猿には外面には尻尾がないが、一般の猿には非常に目立つ、役に立つ尻尾がある。「原始形質」は世代を超えてあまり変化していない形質。人間の脚の構造がたぶんそれにあたる。「共有形質」は、個体間で関係があることを示すもの。たとえば、人間の親子や人々の集団で皮膚や髪の色が似ていたりすること。さまざまな種の間での進化による共有形質の例は、さまざまな哺乳類どうしで、またとくにチンパンジーと人類で、「歩脚」が似ていることが挙げられる。「synapomorphy（シナポモーフィ）」と言えば、共有派生形質のこと。

Evolution〔進化〕は、生物学用語の場合、『オックスフォード辞典』には、「生物のさまざまな種類が、地球の歴史の中で、元の形から展開、多様化してきたときにとったと考えられる過程」と定義されている。この過程は、突然の予測されない変化を生む「突然変異」による場合、ダーウィンが、交配相手の選択と環境への適応で定められる変化を表すために使った「自然淘汰」による場合、時間とともに生じるが自然淘汰とは無関係な「遺伝的浮動」による場合がある。

Homology〔相同〕は類似のことだが、この場合は、種の間の関連を示すような形質の類似のことを言う。たとえば、本書で挙げる七つの痕跡器官が、ある種ではまったく余分に見えていても、その器官が同じ仲間の他の種では重要な役割を演じているような場合など。ジャン＝バティスト・ラマルク――マウスの尻尾が切り取られるといった獲得形質が次の世代に伝わると説いた人物――は、著書の『動物哲学』で、アリストテレスによる地下の生物に関する所見を繰り返している。「地下でモグラのように暮らし、モグラよりも陽光にさらされることが少ないらしいデバネズミは、視力をまったく失っている。そのため眼はほんの痕跡にすぎない」[5]。

しかし、ダーウィン以後、この言葉、つまり名詞のvestige〔痕跡〕は、体が必要としない体の部分を意味するようになった。今でも私たちの体の一部についての見方に色をつけている誤解だ。ダーウィンが痕跡的と考えたものは、私たちの体毛のように、進化上の祖先が持っていたものよりも小さい、あるいは目立たないもの、あるいは尻尾や第三の瞼のように私たちの体にはないもの、あるいは虫垂のように、ダーウィンには思いも寄らなかった複雑な免疫系で役割を演じているものという場合がある。そして、痕跡的で無用に見えるものが、驚くべき力を持っていることもある。私たちの耳はふつう、回転して音がする方へ向いたりはしないが、それでも本当に痕跡のような耳介筋には目的がある。その目的は実は二つある。一つは耳の外縁の起伏の形を維持することであり、もう一つはそれを動かせる幸運な人々にとっては、犬や猫や馬や猿のように巧妙に動かして見せてパーティで受ける手段となるということだ。

第1章　みいつけた——虫垂

「消化管については、私が得た痕跡の話は一つだけ、すなわち盲腸の虫垂である。……これは無用であるだけでなく、死因となることもある。……」

——チャールズ・ダーウィン『人間の由来』（一八七一）〔長谷川眞理子訳、講談社学術文庫（二〇一六）など〕

「その主たる重要性と言えば、外科医の経済的支柱となることらしい」

——アルフレッド・シャーウッド・ローマー／トマス・S・パーソンズ『脊椎動物のからだ』（一九八六）〔平井鷹司訳、法政大学出版局（一九八三）〕

私が見たものが見えますか

虫垂を発見し、説明しようとする何世紀もの試みは、一九世紀から二〇世紀の先駆的な医師たちが居並ぶ、解剖学の世界でのかくれんぼの物語だ。こんな人々がいる。

サー・フレデリック・トレーヴズ（一八五三〜一九二三）。ビクトリア朝時代の高名な外科医で、「エレファントマン」、ジョセフ・メリックの友人でその治療をした人物として、またその後、ビクトリア女王の「肥満した後嗣」、エドワード七世を、戴冠式の前日に厄介な虫垂炎から救い出した人物として知られているかもしれない（戴冠式は二週間延期された）。**チャールズ・マクバーニー**（一八四五〜一九一三）。病変した虫垂の正確な部位を特定し、そこは今、「マクバーニー点」と呼ばれている。

アイルランドの内科医**デニス・バーキット**（一九一一〜一九九三）。食物繊維豊富な食生活をすると虫垂炎や大腸がんのリスクが下がるのではないかという説を広めた。

虫垂の絵を初めて描いたレオナルド・ダ・ヴィンチなどの画家もいれば、有名人の患者としては、チャーチルや国王に加えて、ギリシア時代のヒポクラテス（たぶん）や、神経外科医ハーヴィ・クッシング（明らかに）、さらにはエルトン・ジョンやリンジー・ローハンといったポップスター、テッド・ターナー〔CNN創業者〕など、やたらといる。そして一八七七年のブリガム・ヤングのように、虫垂炎で亡くなった有名人もいる。その後も一九〇二年には、米陸軍軍医で、蚊が黄熱病の感染源だということを確かめたウォルター・リード。その七年後には、アメリカ西部の芸術家、フレデリック・レミントンも虫垂炎に襲われた。さらに一九二五年には、アメリカの競技選手などの動きを表現豊かに描いたことで知られる画家で石版画家のジョージ・ウェズリー・ベローズ。その一年後には、俳優のルドルフ・ヴァレンティノとマジシャンのハリー・フーディーニ。命取りになる虫垂は、小説に進出し、舞台にかけられ、放送もされた。スティーヴン・キングの小説『ザ・スタンド』（一九七八）〔深町眞理子訳、文春文庫（二〇〇四）〕では、ある男が虫垂炎で死亡する。舞台上では、若きウォリー・ウェッブがソーントン・ワイルダーの戯曲『わが町』〔鳴海四郎訳、ハヤカワ文庫（二〇〇七）など〕で犠牲者の役を演じた。テレビドラマの『マッシュ』では（「大佐の馬」の回、一九七六年）、マーガレット・「ホット・リップス」・ホリハンが患者となる。一九七七年の『ラバーン&シャーリー』ではシャーリーがかかった。一九八九年の『天才少年ドギー・ハウザー』では、ドギー・ハウザーのガールフレンドがかかり、『ロスト』のシーズン4ではジャックだった。子どものためには、ビデオゲームの「超執刀 カドケウス」や「ロックマンエグゼ」シリーズには虫垂炎になったキャラクターが登場し、医者を演じたい女の子のために、マドレーヌ人形には虫垂炎の手術跡がある。[1]

現実世界に戻ると、一九七一年、中国に出張していた『ニューヨーク・タイムズ』の主筆、ジェームズ・レストンが、現地で鍼(はり)による麻酔だけで虫垂を取り除かれた。ロシアの医師、レオニード・ロゴゾフは、一九六〇～六一年にかけての第六次ロシア南極探検隊に参加しているときに虫垂炎にかかり、基地には他に医師がいなかったので、自分で手術したというドラマチックな出来事もある。[2] さらに、単純ながら有無を言わせない事実がある。麻酔と消毒が導入されてから、虫垂の除去手術は世界で最もポピュラーな救急外科処置となり、目立たなかった虫垂が、現代外科治療の登場にあたり先進的な役割を演じることになった。

そもそもの始まりは、何よりエジプトのミイラだ。

私たちはmummy(マミー)〔ミイラ〕という言葉をエジプト由来のものと考えることに慣れているが、実はこれはアラビア語で「蠟(ろう)あるいはタールで保存された遺体」を意味する*mumiyah*(ムミヤー)が語源だ〔日本語の「ミイラ」はさらにポルトガル語を経由した〕。そうした細かいことはさておき、古代エジプト人は実際、遺体保存という、この地の環境からすれば生まれてしかるべき技能が抜群に優れていた。新石器時代[3]の早い時期から、死者は熱い乾燥した砂漠の砂地に埋葬された。そこでは遺体は自然に乾燥し保存される。もっと寒冷でも極度に乾燥しているヨーロッパの気候も、同様に保存されるミイラを生み出した。たとえば、オーストリア・イタリア国境のアルプスの高地で推定五〇〇〇年前に死亡し、一九九一年に発見されたひからびた凍死体、「アイスマン」がそうだ。ケルトのミイラは鉄器時代（紀元前四〇〇年から紀元後四〇〇年）のもの。初めて発見されたのは一八二一年、泥炭地でのことで、そこにある酸が遺体を乾燥させ、固くしていた。この「湿地遺体（ボグマミー）」と呼ばれるものは、ドイツ、オランダ、ポーランド、スウェーデン、イギリスでも発見されている。

　文明が高度になるにつれて、裕福で権力を持つ人々は、身内の死者を戸外で乾燥させるよりも墓に埋葬するようになった。それは墓の中で目に見える遺体の保存法を見つける必要があることを意味した。その答えは、自然に任せるのではなく、人の手でミイラ化することだった。人の手による世界最古のミイラは、南米大陸の西岸、チンチョーロで作られた、紀元前七〇〇〇年のものだろう。エジプトのミイラより四〇〇〇年前のものだ。チリ北部からペルー南部にかけてのアタカマ砂漠では、一〇〇体を超えるチンチョーロ・ミイラが発見されていて、チリのアリカにある、タラパカ大学博物館の収蔵品となっている（エジプトではミイラ化した後の遺体は仰向けに寝かされるのと違い、チンチョーロのミイラは直立させて立てかけられるので、ミイラの口が落ちて開いていることが多い。その姿を絵にした最も有名な作品は、エドヴァルド・ムンクの「叫び」かもしれない。ムンクはルーブル美術館でペルーのミイラを見て、それに基づいて「叫び」を描いたという信頼に足る話が伝えられている）[4、5]。

エジプトでは、人為的に遺体をミイラ化する処理は二か月以上かかることもあった。遺体を処理する各段階が宗教的儀式の対象となった。その仕事にあたる司祭——多くは医者になった——は、まず鼻から長い道具を挿入して柔らかい脳を引き出す。それから内臓を取り出して体腔を空にし、臓器を、空と戦いと狩猟の神ホルスの四柱の息子を表す四つの覆いつきの壺や包みに分けて入れる。プルタルコスが記すところでは、臓器が「人の犯した罪の原因として」捨てる場合を除いて、壺あるいは包みは遺体とともに墓所に収められる。[6,7,8] それから防腐処置をする人々は、空になった亡骸に「腐敗による分解が進むのを止めることができる、芳香を放ち、アロマのある、バルサムの薬剤」で満たし、遺体を地中海の日光にあてて乾燥するために外に置く。[9] これでミイラができあがる。

　身内をミイラ化した最初はチンチョーロ人かもしれないが、人間に虫垂があることに最初に気づいたのは、罪深い内臓の一つ——虫垂——に「腸の虫」という名を与えたエジプト人司祭だったらしい。生物の体には必ずついているというわけではないので、それは幸運な発見だった。すべての哺乳類にあるわけでさえない。ゴリラ、チンパンジー、オランウータンにはある。ウォンバット、ウサギ、ラット、一部のオポッサムにもある。しかし犬や猫、馬や牛、羊や山羊、魚や蛙やイモリ、トカゲ、蛇、鳥にはない。猿にもない。この点は、アリストテレスもガレノスも、西洋人が何百年も信頼した解剖学研究の成果を猿の解剖によって残していることからすると見逃せない。

　古代人には、洋の東西を問わず、宗教的理由からも文化的理由からも、解剖の慣行はなかった。西洋では、アリストテレスが密かに解剖を行なったのではないかと推測する人もいるが、『動物部分論』（紀元前三五〇頃）〔『動物部分論　動物運動論　動物進行論』坂下浩司訳、京都大学学術出版会（二〇〇五）所収

ミイラ薬

ウィリアム・ガーウッド主演の*The Mummy*〔ミイラ〕(一九一一)に始まり、ボリス・カーロフの*The Mummy*(一九三二)、ブレンダン・フレイザーによる三部作〔『ハムナプトラ』〕の第一作*The Mummy*(一九九九)と、ミイラは怪奇生物ものに確固たる地位を築いているが、鋼のように固いビクトリア朝時代の祖先たちは、ミイラを救いの手と見ていた。人間のミイラの組織は、ユニコーンの角の粉末のように乾燥させて粉末にし、マンミアと呼ばれて「回復力」があると信じられ、作法に沿った言い方では「勃起不全の治療薬」とされた。この薬はおそらくエジプトからイギリスへ運ばれたミイラから作られたのだろう。あるいはもっとありそうなところでは、一六世紀フランスの理髪師・外科医アンブロワーズ・パレが書いているように、絞首台から盗まれた死体による「わがフランス製」だったかもしれない。ロレンス・ダレルは、一九七四年の小説『ムッシュー　あるいは闇の君主』〔藤井光訳、河出書房新社(二〇一二)〕で、こんな場面を描いている。「『さて、聖なるマンミアをいただこう』と公は命令口調で言うと、修道僧は大きな銀の盆をうやうやしく持って私たちの方へ進み出た。そこにはマンミアのかけらが入った小さな椀がいくつか載っていた——あるいは少なくとも私はそれがマンミアだと推定した[10,11]」。この場面には、実際に回復したものが何かについての情報はこれ以上にはない。

など」などの著述からは、それは言えないだろう。そうした著述はどう見ても人間以外の体について書かれているからだ。紀元前三世紀には、二人のギリシア人医師、ヘロフィロス（紀元前三三五〜二八〇）とエラシストラトス（紀元前三〇四〜二五〇）が、ともにアレクサンドリアに創立した解剖学の学校で、人の死体を解剖する許可を与えられた。それから三〇〇年後、ローマ時代のギリシア人医師、ガレノス（一二九頃〜二一六頃）は、アリストテレスの場合と同じく、密かに解剖を行なったと噂されたが、やはりアリストテレスの場合と同じく、その解剖図は動物に基づいており、その図からは、人の骨格や人の組織や内臓のほとんどが本当はどういうものか、実質的に誰も知らなかったことがわかる。首まわりを見てみると、犬の両肩甲骨は、人間のものとは違い、連結されていない。イヌ科の動物には、人間の胴体上辺前面を横断する鎖骨がない。加えて、私たちの垂直の背骨を囲む筋肉は、犬の水平の背骨を囲む筋肉とはつながり方が違う。さらに、古代中国の医師も初期イスラムの医師も、解剖を行なわなかったという事実が加わると、エジプトのミイラ職人を除けば誰にも虫垂を見る機会はなかった理由がわかる。

もちろん、いずれは科学が構図に入ってくる。キリスト教は一一六三年のツール公会議で公式に解剖に反対したが、一四九二年、コロンブスが新世界に向かって出帆した頃、レオナルド・ダ・ヴィンチは教会による人体解剖禁止に逆らうようになった。レオナルドは解剖図を描いた。それが公開されていたら、ヨーロッパに虫垂を紹介することになっていただろう。しかし密かに解剖を行なうことと、結果を公開するのとは別のことなので、レオナルドの図解は本人が亡くなった後まで表には出なかった。そこで、虫垂を公に描いた最初の人物という栄誉は、ふつう、イタリアの解剖学者でボローニャ大学の、ヤコポ・ベレンガリオ・ダ・カルピに与えられる。同大では一五一三年一月、バチカンによって、イタリア人医師、モンディノ・デ・ルッツィが解剖学の授業で人の死体の解剖を公開で行なうことが認められた。その二〇年後、カルピは死体解剖を行なっているとき、盲腸の端に小さなくぼみを発見し、それを『カルピ解剖学』（一五三五）という先駆的な本に収録した。その後、近代解剖学の祖で、カール五世の皇帝侍医を務めたベルギー人医師アンドレアス・ヴェサリウスが、『人体の構造について』（一五四三）に虫垂の絵を収めた。この本は古典となったが、ヴェサリウスの解剖の洞察力はそうならなかった。ヴェサリウスは虫垂を小腸と大腸のつなぎ目にある小さな嚢、つまり盲腸の三つの開口部の一つとして、回腸〔小腸の出口部分〕と結腸〔大腸の上に向かう部分〕と同類と扱った。

　エジプト人は虫垂を「腸の虫」と呼んだ。レオナルドは小さな耳のようだと思ったので、それをオレッキオ〔耳〕と呼んだ。カルピはどちらも無視して、ラテン語で「近く」を意味する*ad-*、「何かの中」を意味する*intra*、仲立ち、あるいは結果を意味する*-mentum*から、*addentramentum*（アデントラメントゥム）という名を選んだ。「虫の形」（*vermiformis*）への紆余曲折には、フランドルの医師、フィリップ・ヴェルヘイエンなど、父祖と考えられる人が多くいる。ヴェルヘイエンは、解剖学に興味を持つあまり、一六七五年に自身の脚が切断されたとき、そこに蠟と芳香の油を詰め、それをバルサミコ酢あるいはブランデーと黒胡椒に漬けて保存し、その脚を少しずつ解剖して、自分の病気の元を探した。し

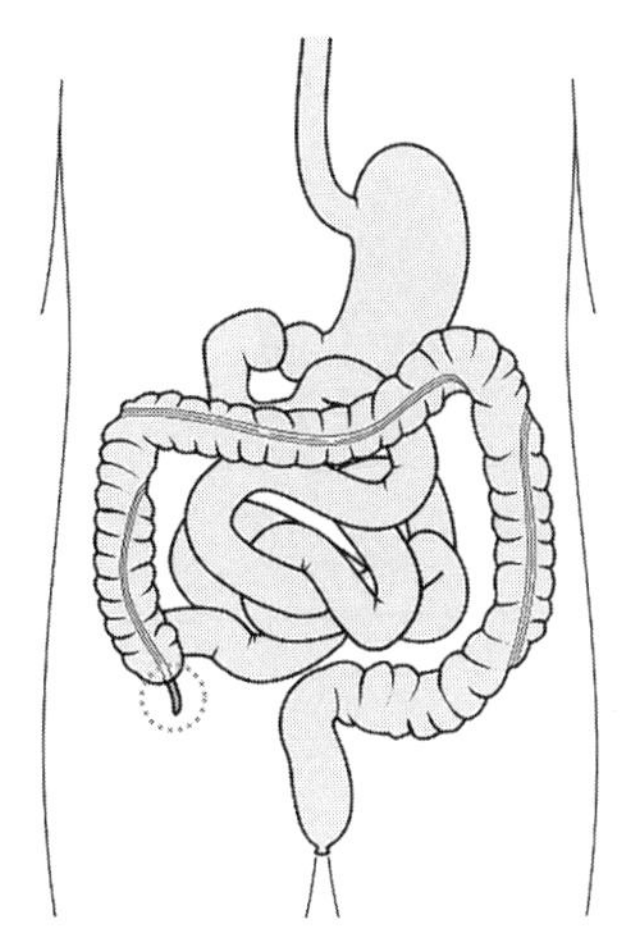

人間の腸と虫垂

かし見つかったのは、足首の後ろ側にある組織で、それをアキレス腱と名づけた。一七一〇年、体を上に戻って胴体に入り、虫垂を「突起（アペンディクス）」と名づけた。

誤診と民間療法

簡単に言うと、虫垂（アペンディクス）〔*vermiformis appendix*＝虫様突起とも〕は、appendixが付属物を意味することからうかがえるように、付属肢で、盲腸に付着した小さな閉じた管だ。成人の虫垂は、長さが手の指ほどの六センチから八センチで、周囲は一センチほどだが、他の体の部分と同様、大きさは人ごとに異なる。

知られている中では最古の虫垂の図。レオナルド・ダ・ヴィンチ（1492）。

二〇〇四年、『ギネスブック』は、長さ二一センチという世界最大の虫垂が、イギリスのヘレフォードシャーにあるリスター病院で、二六歳の男性から摘出されたことを収録した。その二年後、長さ二六センチという新記録の虫垂が、ザグレブのリュデヴィト・ユラク大学病理学科で、クロアチア人男性の死体解剖の際に取り出された。この記録は二〇一一年、エジプトとカタールの外科医チームが、一三歳の少年から五五センチの虫垂を摘出したという記録で破られた。[12]

虫垂も他の腸の部分と同じく、何層かの組織がある。粘膜（表面を粘液が覆う薄い層）があり、粘膜下層（結合組織と免疫細胞群）が筋層を覆い、腹腔の内容全体を覆う膜のような、外層の膜（漿膜）がある。虫垂には粘液と液体を分泌する腺が収まっている。血液は、上腸間膜動脈と呼ばれる腹大動脈から分かれた血管から供給され、上腸間膜静脈へ流れ出る。腸の他の部分へ達するのと同じ神経がここにも届き、虫垂はリンパ組織で一杯なので、やはりあまり大事だと思われていない扁桃腺と同じように、免疫系をなしているらしい。

一八七一年、チャールズ・ダーウィンが虫垂を痕跡的と呼び、当時の人々がそれを無用と読み替えたときには、免疫系のことを知る人はいなかった。これが特定されたのは一九〇八年頃になってからだ。また、当時は次のようなことも知られていなかった。

- この「虫」の詳細な解剖学的構造と、それが（何かをしているとしたら）していること。
- 虫垂がある動物とそうでない動物のリスト。
- 白血球数と感染の関係に関する知識（一八四〇年代から五〇年頃）。
- 麻酔（一八四六）、消毒（一八六七）、抗生剤（一九三六）。
- X線（一八九五）、超音波（一九五七）、ＭＲＩ（一九七七）などの画像診断法。
- 腹腔鏡（一九一六）または、光ファイバー内視鏡カメラ（一九八六）。

知らなくても実際には問題にならなかった。まずいことがあるまでは。

針からメスへ

昔の医師は、まだ虫垂は発見していなくても、右下腹部の顕著な痛みのことはよく知っていて、その名称は時をへて、かつての腸骨痛（パッシオ・イリアカ）から、盲腸炎（ティフリティス）、さらに盲腸周囲炎（ペリティフィリティス）（ギリシア語の *typhlon enteron*（チュプローン・エンテローン）、つまり「行き止まりの腸」、すなわち盲腸による）となり、最後に、一八八六年、ボストンの外科医、レジナルド・ヒーバー・フィッツが『アメリカ医学誌』に、「虫様突起の穿孔炎症、とくに早期診断と治療について」を発表したとき、虫垂炎（アペンディシティス）となる。[13]

医学的な悪さをするものとしては、虫垂は端役にすぎない。確かに炎症を起こしながら放っておくと、命取りになることもある。しかし虫垂炎はペストとは違い、伝染性ではない。命取りになっても、一度に一体を殺すだけだ。感染しても、梅毒のように何年も隠れて徐々に体や脳を蝕んだりはしないし、ポリオだとありうるような、死ななくても麻痺は残るということもない。急性の感染が広がることはあるが、虫垂炎はがんのような、隠れてそっと体中に害を及ぼすものでもない。それでも、ある研究者が二〇一〇年にもなって言っていることだが、「虫垂炎はありふれたものだが、まだ答えの出ていない医学上の謎で……外科的に取り除くことが効果的な処置であることはわかっている［が］、虫垂の目的はわかっていないし、それが塞（ふさ）がれることになる原因が何かもわかっていない」[14]。

それは今に始まったことではない。先駆者も知らなかった。昔から、虫垂が炎症を起こすのはさまざまな原因のせいにされた。最もよくあったのが、患者が呑み込んだものが虫垂にひっかかったということで、歴史の上ではまれなことだがビクトリア朝にはあたりまえだったらしい、ピンや果物の種のような変わったものを食べたがるところに依拠した発想だった。原因が何であれ、この病気は無益な、しばしばひどい治療で処置された。一七世紀になっても、一般に近代医学の父と見られているトマス・シデナムは、まず子犬を殺してすぐに胴を薄切りにし、痛む腹部にあてることとしていた。それが効かなければ、馬に乗って走り、問題のある物質を衝撃で盲腸から出すことを勧めていた。「ひどい腸骨痛」の治療法としては、瀉血、下剤、熱い油と薬草の腰湯桶に浸かる、さらには腸の動きを刺激するために鉛の錠剤を飲み込むことまであった。ある医学史家はこう報告した。「腸骨痛で亡くなり、三つの大きな球を[つかえを取り除くことを期待して]呑まされていた人物を死体解剖すると、この球が虫垂にあり、虫垂は糞便で腸の他の部分と同じ大きさまで膨張していたことが明らかになった[15、16]」。

古代人にとって、腹部の病気の確実な徴候は、体内での感染によって皮膚に生じる膿瘍だった。ギリシア、イスラム、キリスト教の医師は、こうした膿瘍に大い警戒して臨み、それが「尖る」（膿んで頭ができる）まで待つことにしていた。そうなれば、何らかの鋭い器具を挿入してその部分を開き、膿を出せる。この外科的処置でさえ、感染部分がひとりでに破れるようにしておいて最後まで避けられるのが常だった。わざわさ切開したために医師が遺族から「人殺し」と言われる可能性をなくして死なせる方が優先されたのだ。

その後、もっと勇敢な人々が、膿瘍を破るだけでなく、最初の虫垂切除を行なったことを主張するようになった。自分が炎症を起こした虫垂を生きた人体から摘出したいちばん乗りだと言う人々を何人か挙げるが、これにとどまるものではない。

●イギリスの軍医、クローディアス・アミアンド（一七三五）
●フランスの外科医、ジャン＝ヴァンサン＝ド＝ポール・メスティヴィエ（一七五九）
●イギリスの外科医、ヘンリー・ハンコック（一八四八）
●ニューヨーク医専〔現コロンビア大学医科大学院〕教授、ウィラード・パーカー（一八六七）
●イギリスの外科医、ロバート・ローソン・テイト（一八八〇）
●ポーランド系オーストリア人実験生物学者、ヨハン・フォン・ミクリッツ＝ラデッキー（一八八四）
●スイスの外科医、ルドルフ・ウルリヒ・クレーンライン（一八八四）
●フィラデルフィアの外科医、トマス・G・モートン（一八八七）[17]

残念ながら、この種の話はUFOの目撃談のようなもので、数は多く、刺激的だが、必ずしも見えるとおりのものではない。言われている処置は、(1)開腹して虫垂を「きれいにする」、(2)虫垂の一部を除去し、残りを結紮する、(3)実際に虫垂全体を切り出す、にわたっている。結果として、フレデリック・トレーヴズは一八九二年、『フィラデルフィア医学報』誌に、「きっとそのうち、誰が最初に虫垂を切除したかを、何かの古い忘れられた書物が明らかにするだろう」と書いた。[18]

そうした人々の賞賛すべき大胆さにもかかわらず、それ以前の医師たちの場合と同様、患者のほとんどとは言わなくても、多くが失われている。広く「神経外科の父」と呼ばれるハーヴィ・クッシング（一八六九〜一九三九）も一人失っていて、そのことで当然、一八九七年に自分自身の虫垂が炎症を起こしたときには心配になった。幸い、やはり高名な外科医で、アメリカ初の外科医学校を創設し、乳がんに対する外科的処置の一つとして根治的乳房切断を導入した、ウィリアム・ハルステッド（一八五二～一九二二）によって、クッシングの悪くなった器官はうまく取り除かれた。回復まではいささか紆余曲折があったが、クッシングは確かに生き延び[19]、時間とともに、他の外科医もそれぞれの成果を積み上げるようになった。一八八九年、セントルイスで初の帝王切開を成功させていたオーガスタス・チャールズ・バーネイズ（一八五四～一九〇七）は、一八九八年、七一例の虫垂切除手術を行なって一人も死者を出さなかったと報告した。この記録は六年後、ジョン・マーフィ（一八五七～一九一六）という、アメリカ医師会の会長を務めたこともある人物の二〇〇〇人の虫垂切除に成功したという主張によって見事にかすんでしまう[20]。これとともに、この手術には本格的な関心を向けられることとなり、外科手術の近代への移行における重要な画期として浮かび上がった。一八八九年にもなると、虫垂に関して二五〇〇本以上の論文が、やはり数を増していた医学誌に発表されたが、その当時でさえ、この「虫」を見つめていた外科医は厄介な疑問をいくつか突きつけた[21]。

「それゆえ、虫垂の切除は単純で容易な手術であると言ってはいけない」と、パリの外科医、シャルル・タラモンは、その古典、『虫垂炎と盲腸周囲炎』（一八九二）に書いた。「手術はきわめて痛いことがあり、手術を提案する場合には、外科医はあらゆる困難と突発事態に備えておくべきである[22]」。患者の腹部の窮状は本当に虫垂のせいだったのか。血液検査をして感染を示す白血球数の増大を明らかにしたり、X線で虫垂の大きさを示したりする方法がない中で、どうやって確定診断ができたのだろう。そして、虫垂が問題だったとしても、その急性の状況は直ちに外科手術を必要とするのか、それは回帰性／反復性／慢性（要するに短期間に発作が繰り返される）の、タラモンが詳細に記述した状態なのか[23]。症状が急性でも、外科医は直ちに手術すべきか、それとも待って症状がひとりでに解決するかどうか見るという、一八八八年にフレデリック・トレーヴズが切り拓いた「待機的手術（インターバル）」にすべきか。[24] こうした不確定部分が念頭にあって、虫垂切除が完全に受け入れられるまでには、少し待たなければならなかった。一九二三年になっても、各版が各時代の正統的アメリカ医療実践の教科書と広く見なされる*Merck's Manual*（メルクス・マニュアル）の第五版では、まだメチレンブルー（ゲンチアナバイオレット）などの外用薬や、有毒かもしれない次硝酸ビスマス（「腸内消毒薬」）の内服が勧められていた。所有格の「s」が落ちて『メルク・マニュアル』になった後の一九四〇年になってやっと、同書は虫垂切除を「唯一、まずまずの見込みのある治療」と支持することになった。虫垂炎に関する学術誌論文の数が一万三〇〇〇本になった一九五〇年には、同マニュアルは外科手術を「絶対必要（インペラティブ）」と評価した。まだ記憶に新しい第二次世界大戦の戦場での医療経験とともに、マニュアルの執筆陣は、手術前後にペニシリンを勧めることによって、外科の三つのA——麻酔（アネステジア）、消毒（アンティセプシス）、抗生剤（アンティバイオティクス）——をそろえた。[25]

すでに記したように今日では、虫垂切除はアメリカで最もありふれた救急手術で、子どもに対して最もありふれた外科手術だ。一九七九年以来、アメリカでは虫垂切除が年に着実に二五万~三〇万例行なわれていて、そのほとんどすべては基本的な定型的業務であり、朝入院すれば、夜には帰宅している。一生のうちに虫垂が炎症を起こすリスクは、男性の方が女性よりもわずかに高い一方、虫垂をメスで失うリスクは女性の方が男性の二倍あり、これはたぶん、三五歳から四四歳の女性で、「付随的虫垂切除」（別の症状の手術のときに予防的に虫垂を切除すること）の数が大きいせいだろう。[26,27]

その切除はすべて正当だろうか。手術が安全になるにつれて、この疑問はさらに複雑になっている。

クローディアス・アミアンドが初の虫垂切除を行なったと主張した一七三五年から三〇〇年近くの間、内科医は、虫垂が破裂して患者の体内全体に感染が広がるのを防ぐ最善の手段は「直ちに手術」かどうかを論じていた。しかし最近では、外科医が虫垂炎をメスではなく抗生剤で治療するようになっている。いくつかの新たな研究から、虫垂が複雑ではない小児の場合、何よりも白血球数が少ないことが特徴で、つまり、感染に対抗する全兵力を繰り出す必要があるとは体が感じていないということだ。薬はメスと同じく効果があるらしい。一〇二人の小児のうち、半数が虫垂切除を受けていた例では、外科手術を受けた子どもは抗生剤の場合よりも合併症が多かった。ただし抗生剤の患者のうち二人は一か月以内に再入院して外科手術を受けた。ネーションワイド小児病院（オハイオ州コロンバス）でこの調査を行なった人々は、『アメリカ医師会ジャーナル』で、「抗生剤を使うと、痛みはほとんどすぐに消える。しかし痛みが戻るリスクを抱えるのを望まない人もいて、その場合は、外科手術を選ぶのが最善の選択となる。どちらも安全で、どちらも妥当である」[28]。

残る問題は、もちろん、患者の虫垂炎が正確にどういうものかで、それによって治療の大部分が決まる。「虫垂穿孔」は、炎症を起こした臓器が実際に破裂し、感染した内容物を体内に撒き散らすことを意味するために用いられる用語で、「非穿孔虫垂」は、感染が内部に留まっていることを意味する。両者は状況が異なる。一方は外科手術が必要で、他方は必要ないか？　慢性虫垂炎のような、低水準の感染が継続して、抗生剤で治せるものがあるか？　緊急に外科医が見つかりにくいような場所、たとえば南極とか宇宙とかに行こうとしている人は、出発前に虫垂を取っておくべきか（実際の宇宙飛行士が地球を飛び立つ前に虫垂切除を求められるわけではないのだが）？　妊娠可能年齢にあって、遠くへ出かける

ウィンストンの三つの不満

ロイド・ジョージ政権の植民地相だった四八歳のウィンストン・チャーチルが、ダンディー選挙区（スコットランド）選出の国会議員として議席維持を目指して立候補していた一九二二年一〇月のある夜、虫垂が炎症の頭をもたげた。チャーチルはかかりつけの医師、トマス・クリスプに診てもらい、一週間腹痛が続いていることを訴えた。医師はすぐに急性虫垂炎と診断し、その夜すぐに手術を行なった。「そのカルテには虫垂が壊疽を起こして穿孔していることが記されており、結果として時宜を得た」判断だった。麻酔から覚めたチャーチルは、あくまで政治家で「新聞をくれ」と求めたと言われる。クリスプはチャーチルをなだめ、部屋を出たが、数分後に戻ってみると、チャーチルは新聞をかぶって意識を失っていた。腹腔鏡と安全な麻酔のおかげで虫垂切除が日帰りの処置になることも多い今日と比べると、当時の外科手術は、ずっと複雑で大変なものだったので、チャーチルは回復のために療養所へ送られ、その間、チャーチルのことがあまり好きでない有権者のところには、妻が顔を出しに行った。投票日の二日前、車いすで選挙運動をしたチャーチルは、妻に代わって有権者の前に立ち、その有権者についてチャーチルは「こんなどうしようもない状態ではなかったら、きっとみんな私を襲撃していただろう」と言った。結局チャーチルは、得票率一五パーセントそこそこで落選した。チャーチルは一九〇八年以来初めて議席を失い、その年の暮れ、自身について「官職も議席も党も虫垂もない」と発言したことで知られる。チャーチルの訴えはもう一つあった。「消化を改善するために」昼食時の断酒を誓わなければならないことの「恐ろしい苦痛」だった。トマス・

クリスプは患者の健康について明かさないことで称えられた人物で、チャーチルの厄介な虫垂のドラマは、クリスプが一九四九年に亡くなった後まで、二七年間、秘密にされていた。[29、30]

わけではないが、妊娠中に虫垂炎にかかりそうな女性はどうか？ ごく身も蓋もない言い方をすれば、虫垂が本当に無用のものなら、誕生後すぐに取り除いてしまわないのはなぜか？ それぞれの答えは、そうかも、そうかも、そうかも、そうかも、そして、無用って？ 誰がそんなこと言っているの？ となる。

論争に飛び込む前に、こんなことを考えよう。虫垂の虫垂としての価値について論じられることはあっても、外科用の組織としての価値は論じられていないかもしれない。半世紀近くの間、外科医は遺伝、事故による怪我、外科手術などのせいで傷ついた尿管の修復に、虫垂を利用してきたのだ。

形態は機能に従う

一九二六年二月九日、十人余りの歴史に関心があるケンタッキー州の内科医が集まって、ルイヴィル無名会（イノミネート）を結成した。その目的は、医学史上の珍しくて興味深い時期や、医療そのものの文化的な面を紹介し、議論することだった。毎年春、同会は専門家を呼んで、会員に対して講演を行なってもらっていた。一九二七年に演壇に立ったのは、ルイヴィル大学医学部教授アーサー・C・マカーティで、その論題が虫垂だった。

マカーティ博士はこう話した。「虫垂（アペンディクス）の用途はその名と同じくらい複雑な歴史であります。一五六一年に著述を残したファロピウスは、虫垂を初めて虫にたとえて書いた人だったようです。さらに［スイスの医師で解剖学者にして植物学者のガスパル・ボアン（一五六〇～一六二四）は］一五七九年に初めてこれに機能を付与しました。それは虫垂が子宮内の生命にとって、糞便の受け皿として役立っているという巧みな説でした。そこからすると、ボアンは虫垂を、その二〇〇年後にメッケルが記述した憩室と混同していたこともありえなくはなさそうです。その憩室に［他の人々から］名を冠して呼ばれるこの人物は〔憩室は「メッケル憩室」とも呼ばれる〕、虫垂の構造に関するほとんどどうでもいい説を加え、この虫様突起の名称、機能、位置などに関する無用の論争を始めました[31]」。

マカーティ博士の歴史叙述は興味深いが、少々的を外していた。イタリアの解剖学者でファロッピオ管〔顔面神経が通る管〕に名を残したガブリエレ・ファロッピオ（一五二三〜一五六二）は、「付属物（アペンディクス）」という言葉の隣に「虫」という言葉を並べて書いた最初の人物だったかもしれないし、そうでもないかもしれないが、虫垂が何かの役に立っているのではないかと最初に言ったのはエジプト人で、このスイスの医師、解剖学者にして植物学者のボアンではなかったことは確かだ。他方、虫垂の形態と機能をめぐる混乱についてのマカーティの判断全体は、きわめて正確だった。

どの時代にもそれぞれに信じていることや思い込みがある。人体の話となるととくにそうだ。ヒポクラテスは、「食を薬とし、薬を食とせよ」など、賢明なこともたくさん言ったが、逆に迷信の方でたぶん最大のものは、当時の人々やルネサンスに至るまでの医療関係者に支持された、健康は生気（プネウマ）と、体内での元素の滴（しずく）どうしのバランスによるという概念だろう。その元素は四体液――黄胆汁、黒胆汁、粘液、血液――と呼ばれ、それぞれが四季や四元素、温冷乾湿、さらには心理的状況に結びつけられた。

黄胆汁＝夏、火、温乾、短気で熱い性格

黒胆汁＝秋、土、冷乾、憂鬱な性格
粘液＝冬、水、冷湿、穏やかな性質
血液＝春、空気、温湿、情熱的で楽天的な性質

今日の私たちも、それほどたくさんではないだけで、健康について別の迷信を持っている。医学が明日どう言うかは誰も保証できないが、このページが読まれている現時点では、一般に合意されているところによれば、健康を維持する可能性を向上させるのは、健康な食生活と最高度の免疫系の二つだ。そしてどちらも虫垂と関係している――一方の関係は正しいが、もう一つはそれほどでもない。

虫垂と食生活　虫垂が物理的に消化器系に付着していることから、それは食物や栄養と関係しているとするのが当然と考えられることが多かった。草に含まれる不溶性食物繊維から栄養を抽出するのに必要な酵素を持たないヒトのような動物は、植物性の食物を消化するという追加の仕事をするために、虫垂を必要とするのかもしれない。それが私たちには虫垂があって牛にはない理由や、ダーウィンがヒトの虫垂は、私たちが食事に肉を加え、根っこや葉っぱを減らしたときに、それが存続する理由を失ったのかもしれないと考えた理由を説明するのではないか。

一九二五年、虫垂炎が低繊維の食生活による「西洋文明病」ではないかと唱えた初めての人物は、ブリストル大学（英）の外科教授、アーサー・レンドル・ショートだった。しかし食物繊維と虫垂の関係を、偶然とはいえ医学的に適切に観察した最初の例は、一九四六年末から一九四七年初めに、二人のイギリス人医師が、ビルマ〔現ミャンマー〕の小さな町で、帰国を待つ日本兵収容所近くの現場救護所に勤めていたときに起きた出来事かもしれない。日本兵には日本人の医師がついていたが、外科の患者につい

てはイギリスの施設に送られ、そこでは、虫垂炎の患者が二、三週間に一人出ていることがわかった。イギリス人医師の一人は後にこう報告している。「日本兵に虫垂炎の発症率が高いことにわれわれは関心を抱き、収容所ではおもにイギリスの糧食を受け取っていて、これは日本兵の通常の食生活よりも繊維量が少なかったからではないかと考えた。日本兵の軍医が患者数に驚いている事実からすると、日本軍部隊では、通常、虫垂炎はまれなことらしかった。幸い、［同じ］地区にはインド人、グルカ人、ビルマ人の部隊も集まっていて、ビルマと現在はバングラデシュとなっている地域との国境にあるチン丘陵からの非正規軍部隊もいた。こうした部隊の総数は収容所の日本兵の数を大きく超えていたが、このさまざまな国籍の人々には虫垂炎の患者はまったく認められなかった」。さらに二人はこう記した。「虫垂炎は、イギリス人部隊ではインド人部隊の四〜六倍［一九三六〜一九四七年のインド］の多さだった。同じ時期、インド軍部隊の基本的な糧食には、インド駐在のイギリス人兵士の糧食と比べて動物性タンパク質は三分の一、高繊維食品（湯通しした米、アッタ［精白されていない小麦粉］、豆類［レンズ豆とエンドウ豆］）は三倍だった[32]」。

高繊維の食生活と、虫垂炎のリスクが下がること、その後まもなくには大腸がんのリスクも下がることとの関連が認識されたものの、しばらくは休眠していて、ぽつぽつと支持者を集めながら一九七九年になった。この年、デニス・バーキット（一九一一〜一九九三）というアイルランドの布教団の外科医が、繊維の多い食生活をしているアフリカ人は、世界中の「もっと進んだ」地域の人々よりも大腸がんの発生率が低いことに気づいた。バーキットはこの所見を『食事には繊維を忘れないこと』という小さな本にまとめて発表した[33]。それはたちまち国際的ベストセラーになった。二年後、バーキットと仲間の医師・

宣教師のヒュー・バート・ケアリー・トローウェル（一九〇四〜一九八九）は、『西洋病——発生と予防』を発表して、あらためて高繊維の食生活に予防という顕著な特徴があることを強調した[34]（ついでながら、バーキットは、胃腸疾患の発生率を下げる方法についての、さほど知られていない別の理論を立て、洋式トイレのない社会で行なわれる、しゃがんで排便することに予防効果があると信じていた）[35]。

バーキットとトローウェルが信じた、食物繊維豊富な「原始的」食生活に、低繊維、高脂肪の「西洋的食生活」と比べて恩恵があることは、二人が見たアフリカとは別の社会でも確認されたように見えた。一九七九年から一九八二年の四年間、サウサンプトン大学（英）の研究者チームが、イングランド、アイルランド、スコットランドで救急で虫垂炎切除を受けて退院した人々の数をまとめた。その患者の食習慣を調べ、チームは虫垂炎が、果物、じゃがいも以外の野菜をたくさん食べている人々よりも、じゃがいも、糖、肉、シリアルを食べている人々の方で多く見られるという結論を示した。もちろん、このチームは虫垂炎の原因が悪玉細菌の「侵入」による感染に行き着くことを知っていたが、果物と野菜の食生活はそれを予防するらしかった[36]。

その後、さらに一五年ほどの間、誰もがバーキットの理論で問題は片づいたと考えていた。高食物繊維の食物は、虫垂炎と大腸がんのリスクを下げるということで、これは心臓も保護するらしかった。大腸がんは虫垂炎よりも本格的に命取りになる。大腸がんで亡くなるアメリカ人は毎年約五万九〇〇〇人ほどだが、虫垂の病気では、腫瘍も含めて、亡くなる人は五〇〇人もいない。そこで、大腸を守ることが、野菜など繊維豊富な食品をたくさん食べることの根本的な意義ということになった。今やそれがこの病気を防ぐと考えられたのだ。しかし一九九九年、長期的に行なわれたボストンのブリガム婦人病院とハーバード大学公衆衛生学部による看護師健康調査では、「それほど確固としたものではない」と言われた。調査対象となった九万人近くの女性が毎日の食生活を記録するよう求められ、なかには一六年に及ぶものもあった。最後には、この女性たちが選んだインクのような白とも黒ともつかぬ色の証拠が残った。繊維質の食物を大量に食べた人々は、そうでなかった人々と比べて、結腸がん、あるいはその前駆かもしれないポリープになる率はとくに低いわけではなかった。ブリガム婦人病院の腫瘍科の医師で、調査の筆頭著者だったチャールズ・S・フックスは、「われわれは本当に大腸がんの発生率とリスクに対する繊維の予防的効果を確かめることはできない。繊維がよいものではないと言うのではない。それはやはり役に立つが、大腸がんに対してではない」と言った。[37]

その不確実性を解決するために必要ということで、まとめてポリープ予防試験調査と呼ばれる、八か所にある国立がん研究所の主催で四年間のポリープ予防試験が行なわれることになった。この調査には、その前の六か月の間に大腸内視鏡検査を受けて大腸ポリープ（大腸がんの前駆となりうるもの）と診断されて除去された男女が参加した。この被験者のうち半数は、通常どおりのものを食べるよう言われ、残りの半分は低脂肪、多量の果物や野菜を含む高繊維の食生活を続けるよう求められ、そうすることでポリープの再発を防げるかどうかが調べられた。結果は否定的で、再発率はどちらの集団でも同じだった。[38]

しかしそれで話は終わらない。第二ラウンドがあって、「小麦ふすま繊維調査」が、穀物にある特定の食物繊維の予防力を評価した。被験者は、今度は三か月以内に結腸直腸ポリープと診断され回復した人々だった。半分は食生活に小麦ふすま（ブラン）の多い穀物栄養補助食品を加えるよう求められ、半分は小麦ふすまの少ない穀物栄養補助食品を与えられた。調査は国立がん研究所が資金を出し、アリゾナ州がんセンター（ツーソン）で、フェニックス大腸がん予防医師ネットワークによって行なわれ、先の看護師調査やポリープ調査と同じ結果が出た。大量の食物繊維を摂取しても、ポリープや結腸直腸がんのリスクを下げることはない[39]。しかし、調査を行なった人々は「飽和脂肪酸が少なく果物や野菜や全粒穀物が多い食物が慢性病のリスクや死亡率に対して好ましい影響があることを示すデータは豊富で、健康によいとされる既知の作用に基づき、このタイプの食生活を促すのは適切に見える[40]」という結論を出した。言い換えると、話はまだ続き、関係する科学者と機関は食物繊維の腸の健康に対する作用を調べ続けることを計画している。

さて、虫垂に戻り、虫垂炎の本当の原因が感染だった場合の話を思い出そう。虫垂炎が感染症だというのはもちろん新しい考え方ではない。新しいのは、感染がどう起きるかを調べることで、このかつて「無用」だった器官を見るまったく新しい窓が開くという点だ。

善玉菌、悪玉菌、虫垂　一九世紀半ばに細菌説が登場してだんだん受け入れられるようになると、伝染病の謎を解決し、セオドア・ローズベリが古典的な著書の『人に乗る生命（ライフ・オン・マン）』で力強く解説したように、私たちの体には無数の微生物の群集があり、私たちを守ったり、脅かしたり、ときには同時に両方をしたりしている。このマイクロバイオーム（微生物の宇宙）は、私たちの消化管だけでなく、皮膚や気道でも栄えていて、せっせと毎日の食物から養分を抽出したり、廃棄物を固めたりの日常業務をこなしている。通常、友好的な微生物が担当しているが、ときおり、それほど友好的でない勢力が優勢になり、消化器系の混乱を引き起こす。

二〇〇七年、デューク大学医療センター実験外科助教授のウィリアム・パーカーと、一般外科名誉教授R・ランダル・ボリンジャーが率いるチームが、虫垂は、下痢やコレラのような腸の不調のときに善玉菌が隠れるところではないかという興味深い可能性を唱えた。こうした善玉菌は、腸に病原体がいなくなるまで待って、それから出てきてまた腸に広がり、善玉菌と悪玉菌の好ましいバランスをあらためて確立する。[41,42] 四年後、ロングアイランド（ニューヨーク州）にあるウィンスロップ大学病院の患者についての調査が、虫垂は保護器官とする説を支持するように見えた。*Clostridium difficile*（クロストリジウム・ディフィシレ）という（*C. difficile* や *C. diff* とも表記される）、入院中にかかることがある腸炎の既往症がある二五四人の患者のうち、虫垂のない人々は再発率が二倍以上の高さだった。[43]

こうした調査の間にはさまれて、虫垂炎は実は、インフルエンザのようなウイルス感染ではないかという説があった。テキサス大学サウスウェスタン医療センターの小児外科医、アダム・C・オルダーらが、一九七〇年から二〇〇六年の三六年間でアメリカの病院を退院した人々を調べたとき、このチームは、虫垂炎は夏の方が多いらしく、非破裂虫垂炎の全体的な発生率はインフルエンザの流行で生まれるピークと似たようなピークをもって上下することを発見した。虫垂炎をインフルエンザ・ウイルスのせいにしようとした人はいなかったが、二〇一〇年一月の『アーカイブズ・オブ・サージャリー』誌に載ったこのチームの報告は、インフルエンザ・ウイルスが、免疫系の「まだ特定されていない虫垂炎ウイルス」に耐える力を弱めるのかもしれないという可能性を立てた。三年後、『アーカイブズ・オブ・サージャリー』誌は、アメリカでの退院者（一九七〇年から二〇〇六年）について、非破裂虫垂炎の発生率がインフルエンザの発生率を反映していて、先の推測を補強する調査を発表した。[44] そこで、虫垂が免疫系の重要な一部だという、まだ理論上のものだが、ありうる可能性を考えよう。オクラホマ州立大学の生理学教授、ローレン・G・マーティンは、『サイエンティフィック・アメリカン』誌にこう書いた。「成人の間では、虫垂は今、主として免疫機能に関与していると考えられる。誕生後まもなくリンパ組織が虫垂に蓄積され始め、十代から二十代にかけてピークに達する……こうして虫垂はおそらく破壊的な体液的（血液とリンパ液にある）抗体反応を抑制するのを助け、局所的な免疫を促進する[45]」。

やっと、厄介な虫垂に、単純だが完全には証明はされていない物理的説明ができた。誰もが私たちの味覚や嗅覚は舌や鼻と結びついていることを知っている。しかし私たちの感覚は脳に根ざしていて、神経系は腸にも密につながっていて、消化器系は「第二の脳」と呼ぶ人もいるほどだ。こうした神経は蠕動、つまり、食べたものを体の中で移動させ、虫垂を健康に保ち、虫垂炎を食い止める役目を果たしているかもしれない収縮運動を支配している。

しかし結局、実は虫垂炎には決定的な説明がなく、ごくありふれたものながら、テキサス大学サウスウェスタン医療センターの消化器／内分泌外科主任のエドワード・リヴィングストンは、今なお「答えの出ない謎」となっていると言う。

結語

私たちの体を着実に確かに理解しようとし、その後、本書のまえがきにポール・スゴンの発見[46]を引き合いに記した、私たちはまだ知るべきすべてのことを知ってはいないという、二一世紀になっても通用する結論に至る私たちの旅路は、知りたがりで自信たっぷりのレオナルド・ダ・ヴィンチとミケランジエロによって始まった。

一八七一年のチャールズ・ダーウィンは虫垂を「痕跡的」と分類し、それ以後、人びとはそれを「無用」に置き換えてしまった。ところが一般に思われているのとは逆に、虫垂は医学の歴史では枢要な存在となっている。虫垂は、古代エジプトの死者の処理をする神官が初めてそれを見て以来、何千年かの間、ずっと西洋人の目を逃れていた。やっと顔を出したのは、死体解剖が一般的になり、イタリア・ルネサンスの画家や解剖学者が、教会による人体解剖の禁止に逆らってそれを発見してからのことだった。レオナルド・ダ・ヴィンチはこれを、小腸と大腸のつなぎ目にある「小さな耳」と呼んだ。ひとたび特定されてからの虫垂は、一九世紀末には外科医学の発達で先頭に立つ役割を演じることになった。今日では、消化器系を調べるときや免疫機能に登場し、一方、実務的な外科医は、損傷を受けた尿管を交換するために虫垂を使っている。

そしてとうとう、一周してダーウィンに戻り、控えめな、過小評価される、十分に認識されていない虫垂は、人間の進化の理解の――場合によっては誤解の――中で、やはり中心的な位置にあり、われわれが持っているものはすべて持つに値するものだと説く人々の栄養源となる。進化論争では両面がある。

一方では科学者の側から。

「虫垂の進化は偶然ではない……研究者は哺乳類のうち、虫垂を持つ現存の三六一種の中から五〇の類縁関係を調べた。そうしてわかったのは、虫垂は三二回から三八回、別個に進化し、失われたのは七回だけだったということで、そうなると、その進化には理由があるらしい。しかし虫垂の目的はまだ謎だ[47]」

虫垂

発見、診断、治療の簡易年表

紀元前3000頃　ミイラ加工を行なうエジプト人司祭が「腸の虫」を特定。

1492　レオナルド・ダ・ヴィンチ、虫垂を見つけ、絵にして、これを「小さな耳」と呼んだが、図解はその後数百年経つまで公表されなかった。

1521　ダ・ヴィンチの絵がまだ発表されていなかったので、イタリアの医師でルネサンスの解剖学者ヤコポ・ベレンガリオ・ダ・カルピが虫垂を描いた最初とされる。

1544　フランスの医師で「physiology〔生理学〕」という言葉を造語したジャン＝フランソワ・フェルネルが虫垂炎について記述。

1561　ガブリエレ・ファロッピオ（ファロピウス）が、西洋人では初めて虫垂を「虫」と呼んで書き残した模様。

1735〜1736　イギリスの軍医、クローディアス・アミアンドが初の虫垂切除を行なったことを発表。

1759　ボルドーの医師、メスティヴィエが虫垂の穿孔を記述し、それを結果として生じる膿瘍の原因として指名。

1812　イギリスの医師、ジョン・パーキンソンは、虫垂に腸結石（便が固まったもの）があることを示す五歳児の死体解剖結果を記述。

1827　虫垂閉塞の患者8例を検視したフランスの医師フランソワ・メリエ、虫垂の病気の処置として外科手術を提唱したが、パリ施療院の上司によって否定される。

1830　ガイセン大学（ドイツ、ヘッセ市）のゴットフリート・ゴールドベック、感染した虫垂を自身では盲腸虫垂炎と呼び、近くの盲腸での炎症のせいだと述べる。

1846　アドルフ・フォルツ、虫垂を右下腹部の炎症の原因に指名。

1885/1888　イギリスの外科医チャーター・シモンズ（1885）とフレデリック・トレーヴズ（1888）がそれぞれ、最初の「待機」虫垂手術を行なったと主張。

1886　ニューメキシコ大学医学部長、レジナルド・ヒーバー・フィッツ、appendicitis〔虫垂炎〕の用語を導入し、60年前のメリエと同じく早期の外科的処置を推奨。

1889　ニューヨーク市のルーズヴェルト病院外科主任チャールズ・マクバーニー、虫垂炎による腹部の痛みのありかとして、「マクバーニー点」を特定。

1898　アメリカの解剖学者、外科医オーガスト・チャールズ（A・C・）バーネイズ、71例の虫垂切除を行ない、死亡者ゼロだったことを報告。

1904　外科医でアメリカ医師会の会長を一期務めたジョン・B・マーフィ、2,000例の虫垂切除に成功したと主張。

1925　ブリストル大学(英)の外科教授、アーサー・レンドル・ショート、虫垂炎は「先進的」低繊維食生活による「西洋文明病」ではないかと説く。

1983　ドイツの医師で「腹腔鏡手術の創始者」、クルト・ゼム、初の全面的に腹腔鏡による虫垂切除を行なう。

2007　デューク大学の研究者が、虫垂は人間の腸内細菌の「避難所」として役立っているのではないかと説く。

2010　テキサス大学サウスウェスタン医療センター（ダラス）の医師チームが、ウイルス感染と虫垂炎が関連している可能性を発表。

2011　ウィンスロップ大学病院（ニューヨーク市）の消化器内分泌科医チーム、無傷の虫垂は腸での*C. difficile*感染の再発を防いでいるかもしれないことを示すデータを発表。

2014〜2015　アメリカのいくつかの病院、大学の研究者が、「合併症のない虫垂炎」では、抗生剤が外科手術に代わる妥当な選択肢ではないかと説く。

他方、創造主義に立つ側から。

時代はどう変化してきたか。進化という前提を用いるとしても、虫垂は退化した進化的構造物ではありえない。さらに、いろいろな系統の証拠がますます虫垂は腸内での生物の免疫制御で重要な役割を演じていることを示している。したがって機能する器官である——体にある他の多くの機能する器官と一体になって働き、そのすべては聖書の大元の設計者（マスターデザイナー）によって創造的に設計されたこと（詩篇139・14、ローマの使徒への手紙1・20）と整合する[48]」

確かに、このように異なる二つの陣営も合意せざるをえないような体の部分が無用とは考えられない。

第2章　羽毛と毛皮——体毛

「私がこの民主制の中で出会ったあらゆるタイプのうち、いちばん嫌いなのは、ずうずうしく耳障りなふるまいのアスリートたち
胸毛は立派かもしれないが、ラッシーにだってあるし」

――コール・ポーター「キス・ミー・ケイト」(一九四九)

「ヒトはほとんど裸である点で他のすべての霊長類とは顕著に異なる。しかしわずかに散らばる短い毛が男の体の大半にあり、細い毛が女の体にある。種族が異なると、毛の様子も大いに異なり、同じ種族の個人どうしでも、毛は量だけでなく位置についてもきわめて変化に富む。たとえばヨーロッパ人でも肩に毛がない人もいれば、濃密な毛がふさふさと生えている人もいる。このように体全体に散らばる毛が、もっと下等な動物の、全身が毛で覆われている状態の痕跡であることにはほとんど疑いの余地はない。この見方は、長い間炎症を起こしていた体表のあたりでは、異常な栄養状態になると、手足などの部分の細くて短い、色の薄い毛が、ときどき、『太く、長い、粗い濃い色の毛』に発達することがあることからも、さらに確かそうに見える」。

――チャールズ・ダーウィン『人間の由来』

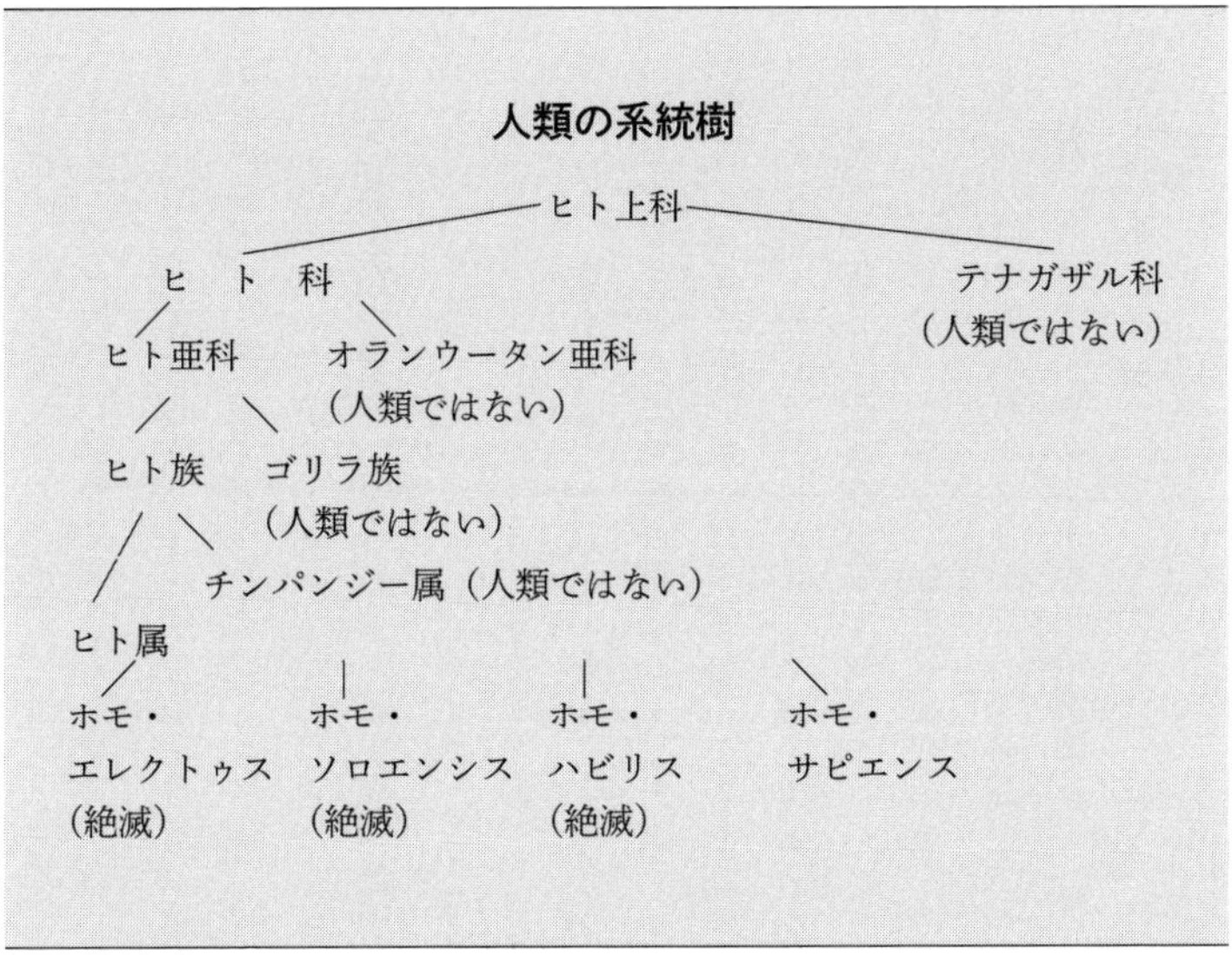

人類の系統樹

ヒト上科
- ヒト科
  - ヒト亜科
    - ヒト族
      - ヒト属
        - ホモ・エレクトゥス（絶滅）
        - ホモ・ソロエンシス（絶滅）
        - ホモ・ハビリス（絶滅）
        - ホモ・サピエンス
      - チンパンジー属（人類ではない）
    - ゴリラ族（人類ではない）
  - オランウータン亜科（人類ではない）
- テナガザル科（人類ではない）

私たちの体毛の自然な本性

glade（グレード）〔林の中の空き地〕とclade（クレード）〔分岐群〕には共通のことが二つある。どちらもladeの四文字があり、どちらも木に関係する。グレードはノルウエー語で「明るい」を意味する*glaðr*に由来し、ものに囲まれた空きスペースのこと。クレードは、ギリシア語で枝を意味する*klados*に由来し、「生命の樹」から分かれる枝のことで、人類学者は共通祖先の子孫となる集団の分類区分として用いる。

私たち人類の歴史はヒト「上科」（アフリカと南アジアに生息する尻尾のない旧世界猿）に始まり、その後の何百万年もの進化で、ヒト族になり、ここで私たちの系統であるヒト属（*Homo*）が、最も近い親戚、チンパンジー（*Pan*）と分かれる。ヒトとチンパンジーとはどのくらい近いのだろう。一九七三年、カリフォルニア大学バークレー校の遺伝学者、メアリー＝クレア・キングは、博士論文で、ヒトとチンパンジーはDNAの九九パーセントが共通だと述べた。[2]三二年後、ワシントン大学（シアトル）ゲノム科学科長のロバート・ウォーターストンが率いる六七人の科学者による国際的チームが、クリントという名のチンパンジーの体にあった染色体すべてのマップを得た。クリントと私たちを比べた結果、共通のDNAの推定値は下がったが、それでも見事に九六パーセントで、違っているところの数は、ふつうのマウスのDNAとふつうのラットのDNAとの違いの十分の一の小ささだった。エモリー大学の霊長類学者で、ヤーキーズ国立霊長類研究センターのリビング・リンクス・センター長のフランス・ド・ヴァールは、「ダーウィンが、われわれが類人猿の子孫だと言ったのは、それほど物議をかもすようなことではなかった。まだまだ言い足りなかったのだ。われわれはあらゆる点で類人猿である」[3,4]。

もちろん、あらゆる点ではないかもしれないが、確かに私たちに共通なことが一つある。それは体毛だ。それを見るには拡大鏡が要るかもしれないが、解剖学者は、人間は誰もが、男も女も、チンパンジーの雌雄の体毛と同じ数の体毛があることを知っている。私たちと類人猿の違いは、私たちの首から下までの毛は、性別や民族によって違いもあるが、細くてほとんど見えないことが多いところだ。

明らかに、男の体毛は女よりも目立つ。しかしトップに立つ人種や地域はいずれか。それは場合による。一九九四年、ブラッドフォード大学（英）の生物学者ヴァレリー・アン・ランダルらが、数多くの手を調べ、中指の関節に生えている毛の量で人類をランク分けするなら、ヨーロッパ系の各民族が毛深いとされ、八〇パーセントが指に毛が生えている。その次がエジプト人など、アフリカ大陸の北部諸国に住む人々で（五二〜七一パーセント）、以下、日本人（四四・六パーセント）、ユカタン半島のメキシコ人（二〇・九パーセント）、アフリカ系アメリカ人（一六〜二八パーセント）、イヌイット（一パーセント）

と続く。ベンガル湾南西部のアンダマン諸島の先住民はまったくのゼロ――手の中に一本の毛も見つからなかった。[5] 体全体の毛深さで言えば、明瞭な上位はアイヌ、オーストラリアのアボリジニ、インド亜大陸南部のトーダ族、やはりインドで北にいるドラヴィダ人となった。一般論として、白人はアフリカ系やアジア系よりも体毛が多い。南イタリア人のような髪が黒い人々は、金髪の人々よりも体毛が多い。人類の中で毛が少ない方の上位はアメリカ先住民、アフリカ人、ミャンマー人、中国人、日本人、朝鮮人、ベトナム人などの東アジア人と、金髪の白人となる。

人体に生えている毛はすべて、まだ子宮にいる間に生え始める。胎児が五か月をわずかに超える頃、毛囊という、皮膚にあって、そこから毛や羽毛が生える穴すべてで、産毛(うぶげ)、つまり細いダウンのような毛が生え始め、頭から爪先までの全身を覆い、発達中のほとんど脂肪のない個体の断熱材となる。乳児、とくに早産の子は、まだわずかな産毛が見えるが、たいていの子は生まれ出る頃には毛をなくしている。[6]個体が持つ毛囊はすべて、人でも動物でも鳥でも、子宮または卵にいる間にできる。毛については、毛囊の形が一本一本の形を決める。まっすぐな毛囊は直毛を伸ばし、渦巻いた毛囊は巻き毛を生み、カラーもストレートアイロンも、新生児の頭に見られる（見えないこともある）この基本デザインを変えることはない。

生まれた後、人生の特定の時期に、体の特定の部分に登場する、特定のタイプに分かれる毛が二種類生える。まず、ラテン語でベルベットを意味する*villutus*(ウィルトゥス)に由来するvellus hair(ヴェラス・ヘア)〔軟毛〕がある。この毛は産毛よりも細く、短くて細かいので、そういうものがあるということを知らなければ、それがあることもわからないかもしれない。子どものときには、唇、掌、足裏、耳の後ろ、へそを除き、全身に軟毛がある。大人になっても、細くて見えにくいとはいえ、まだある。その見えにくい軟毛を一本ずつ数えればこそ、人類学者も、人間は確かにチンパンジーと同じ数の体毛があると言うことができた。第二種の毛はandrogenic hair〔性毛〕で、これは男性ホルモンであるアンドロゲンの濃度が高まることで刺激され、思春期に目立つようになる種類の毛だ（男性ホルモンは男女ともにあるが、女より男の方が明らかに多い）。性毛は髪の毛に似ているが、髪の毛と比べると、アノゲン（成長）期が短く、抜け落ちて次の毛が毛嚢から伸びるまでのテロゲン（休止）期は長い。

　魚やヘビやトカゲの皮膚の最上層が硬くなってひだになった鱗とは違い、体毛、毛衣（毛皮）、羽衣（羽）は、皮膚に余分に加わった特色だ。こちらはどれも柔らかく、タンパク質が基本の構造で、皮膚を覆い、保護する。いずれも保護のために配置されているのかもしれない。しかもどれも装飾的で、情緒的にも異性に対するディスプレイとしても活躍する。

　毛と羽の造りは似ているが同じではない。どちらもクチクラ〔キューティクル〕、皮質、中空の管という三層からなる。クチクラは、手足の爪や蹄にも見られる「死んだ」タンパク質であるケラチンの平べったい細胞が重なり合ったもの。その下の皮質は、ケラチン化した細胞と、毛や羽に色をもたらす色素が詰まっている。毛の縦穴の内側（あるいは羽の中央の「軸」の中心）には、空っぽの空間があり、そこには細胞が詰め込まれている。毛と羽は重要なところで違う。羽が毛嚢から出現するときには生きているのに対し、毛の方は、端っこにあって各人固有のＤＮＡが入っているのはここ、とサスペンスドラマが繰り返し教えている毛根以外は、生えたときには死んでいるのだ。

毛髪と被毛と羽

外見

人の毛髪ヘア——一本の毛の直径は三〇マイクロメートルから八〇マイクロメートル（一マイクロメートル（㎛）＝一〇〇〇分の一ミリメートル）。髪の毛はなめらかで、どれも同じ長さに伸びる。体毛はごわごわしていて、どれだけ伸びるかは、それが生える場所による。

動物の被毛ファー——動物の体にある一本の毛の直径は、犬の被毛の一本、二五マイクロメートルから、被毛はないが一本ずつの毛が生える牛の一八〇マイクロメートルにわたる。人の毛は単層で生える。動物の被毛には、ごわごわの上層と、皮膚に隣接し、なめらかで、ときにけばけばの下層の二層の毛がある。

羽フェザー——被毛と同様、羽も体全体を覆う、上側の羽板(うばん)と、下側で皮膚に隣接する柔らかい綿羽(ダウン)がある。羽柄(うへい)（羽の下の先端）は、羽板の縦方向に伸びる羽軸(うじく)と呼ばれる中空の管の端をなす。柔らかく、羽らしい外見の、羽枝(うし)と呼ばれる細長い筋は、羽軸から枝分かれし、羽枝からは小羽枝が枝分かれする。羽枝と小羽枝は小鉤(しょうこう)と呼ばれる小さなフックによってつながり、ある程度の固さを持った保護面を形成する（雛(ひな)が卵を割って出てくるとき、一部の雛は人間の産毛(うぶげ)に似たダウンに覆われている。本当の羽が生えるときは、そのダウンを押し分けて生える）。

伸び方

人の毛——それぞれの毛は他の毛とは別個に伸び、切らなければ、ひょっとすると永遠に伸び続ける。あるいは少なくとも生きている間は。『ギネスブック』によれば、「史上最長の髭」は、ノルウェー生まれのハンス・N・ラングセスの顎を飾った髭だった。移住してきて一五年を過ごしたアイオワ州ケンセットで一九二七年に埋葬されたときの髭の長さは一七フィート六インチ［五メートル三三センチ］あった。それは今、一九六七年に遺族によって寄付されてスミソニアン協会にある。[7]

動物の被毛――飼い猫、馬、ホッキョクグマなどの動物は、季節によって体毛を増やしたり減らしたりして、冬には温かくなり、夏には抜け落ちて軽くなる。ホッキョクギツネなど一部の動物は、色も茶色から白に変えて、背景に紛れ込み、冬の雪の中で捕食者から身を守る。毛の生え替わりの過程は温度と一日の日照量の両方が変化することで引き起こされると思われていて、同様の変化が人間の毛が伸びる長さや速さに影響することを示す研究が少なくとも二つある。[8,9]

羽――動物の毛と同様、羽にはある程度決まった寿命がある。すり切れた羽は新しい羽に置き換わる。猫や犬など、毛が抜ける動物のように、多くの鳥はやはり周期的に生え替わりがあり、「上着」を重くしたり軽くしたりする。

体の守り方

人の毛――人類は頭が保護されていないと、そこから体熱の五〇パーセントも失うことがある。髪の毛は、帽子がなくても、この熱の喪失を減らし、髭とともに一定の日焼け対策ともなる。

鼻毛と、たぶん男性の耳に目立つ毛は、昆虫や空中のごみが入らないようにする。

動物の被毛——動物の毛皮にある毛は熱と寒さから身を守る。水もはじき、犬を飼っている人なら誰でもご存じの、身震いするだけで乾かせる自然のレインコートのようなものになる。被毛が立っているときは、動物の皮膚に接する温かい空気を保存するシールドとなる（あまり毛深くない人間でさえ、それを行なえるだけの毛がある）。

羽——多くの動物にある毛と同様、鳥の羽は比較的水をはじきやすく、動物の毛皮のように起毛しているときは、羽は体に接する温かい空気の層を保持することによって、冷気にあたらないようにする。[10,11]

私たちはどのようにして毛を失ったのか

私たちにはまだ体毛はあるが、かつてほどには目立たないので、一見すると（実際にはそうでないが）毛がないように見える。私たちが「裸の猿」になった経緯は正確には誰も知らないが、いろいろな可能性はあり、それぞれに賛成反対の論拠がある。文献を読みあさってみると、妥当に思われるものとして、水、温度、衣服、寄生虫、性の五つが挙げられる。

水から生まれた子　一九六〇年、海洋生物学者のアリスター・クラヴェリング・ハーディ（一八九六～一九八五）は、イギリス・サブアクア・クラブ〔ダイビングクラブ〕の聴衆に、「水棲猿説」を紹介した。ハーディの説は、人類のごく初期の祖先には水中、あるいは水に囲まれて暮らしていたものがいるということだった。[12] この論旨は、実際には人類の二足歩行を説明するためのもので、四つ足で屈んだままだと溺れてしまうだろうからということだった。しかし、この説を、目立つ体毛がないことの根拠に使う人々も出てきた。なめらかな体の方が、水中で食物を求めて狩りを行ないやすいからだ。水に基づく第二の説は、体毛の喪失は環境温度が上がっても耐えられるようにし、水を飲む必要を減らしたとする。[13] 水に関連させる第三の説は、泳ぐ場合、毛皮では遅くなり、保温もしないからということで、クジラやセイウチなどの水棲哺乳類のように、人間は毛皮を失い、もっと効果的な断熱材、体脂肪を得たという。[14] こうした可能性に対しては、人間が水中あるいは水辺で暮らしていたとしても、眠るためには乾いたところに帰らなければならなかっただろうし、夜間に体温を保つには体毛が必要だっただろうという反論がある。[15]

暑さ　多くの哺乳類は、血液を頸動脈網という、脳に送られそこから戻ってくる血液を冷やす血管のネットワークで循環させて体を冷やす。人類では、この冷却装置が効果的ではなく、祖先が比較的涼しい森を出て、非常に暑いアフリカのサバンナへ出たとき、まず、毛皮で覆われた体を冷却することがどれほど難しいかに気づいたかもしれない。私たちがそれにどう反応したかというと、比較的裸に近い、汗腺の数が増した体に進化した。哺乳類はすべて汗腺を持っているが、人間の汗腺はたいていの動物よりもずっと効率がいい。たとえば、犬にも汗腺はあるが、足にあるだけなので、体温を下げるには舌を出してはあはあ言わなければならないが、人類は他の霊長類や馬のように、皮膚の表面に開いた汗腺があり、透明で塩分を含む液体を出して体を冷やす。水棲猿説に対するのと同様、裸の体では夜間の冷気の中で体温を維持するのは難しいという反論がある。[16]

シャツとスカート　この説は、衣服（ベスティアリ）仮説（ラテン語で衣服を意味する*vestis*（ウェスティス）による）と呼ばれることもある。脳が十分な理性を持つようになったとき、人類は、夜間の冷たさの問題が衣服の発明で解決できることを発見し、その後、もともとあった滑らかな体への好みが、比較的毛がない方向に進む自然淘汰を生み出したとする説だ。それに対してもともと濃い体毛という形の保護があるところほど、保護力の強い衣服が見られる、という反論がある。[17] さらにそれに対する反論では、人類に断熱的な毛があっても、アイヌなどの毛深い人々は、北部の北海道や千島列島で暮らしていて、そこは実に寒いので、当然、人の毛皮で得られる以上に保温が必要だったと言われる。また、毛深い人々は通常の環境――日光、雨、風――に対して身を守る衣服を必要としないが、毛のない人々には必要だということを説く人もいる。[18] いささか堂々めぐりではないか。

害虫対策　レディング大学（英）の進化生物学者、マーク・デーヴィッド・ページェルは、小さい子がいる母親なら誰でも知っていることを声を大にして言う。シラミなどの昆虫は、毛皮や毛髪に潜り込んで巣を作りたがるのだ。その際に、ウェストナイル熱、ライム病など、さまざまな不都合が生じる可能性が持ち込まれる。もちろん何ともしようがないかゆみも。人間が体毛をなくすことで、害虫に襲われる率は減り、毛のないすべすべの皮膚は性的魅力を高め、そうして裸の猿の数と優位を高めた。[19]

人間がたいていすべすべに見えるようになった理由というのは、正確なところはまだ謎だが、どこに毛があり、それをどう使っているかは、上、中央、下の三か所では明らかだ。

上の毛

私たちが二本足で立ったときから、頭皮はさらに直射日光にさらされるようになり、脳はその熱にさらされるようになった。すでに述べたように、私たちには脳を循環し体の他の部分に戻る血液を冷やす効果的な頸動脈網がないからだ。進化のおかげで、頭皮のがんのリスクを下げて少しでも脳を守っている濃密な髪がない場合と比べて、人の進化した頭の皮膚は日焼けもせず、温まりもしない。

数センチ下の眼の上の毛――眉毛――は額から落ちる汗の滴をそれが眼に落ちる前に捕らえる。数ミリ下の睫（まつげ）は空気中の塵や埃を食い止めて、敏感な眼球に流れ落ちないようにする。鼻腔内の短い動く毛も、そこからごみを一掃する。毛の生えた耳は際立って男性的で、かつてはY（男性）染色体にその形質に対応する遺伝子があるように見えたほどだが、実際にはそれはなかった。[20,21]しかし年を取るにつれてアンドロジェンに鈍感になる年配男性の頭頂部の、生産する毛が少なく細くなる毛嚢とは違い、年配男性の鼻毛や耳毛は敏感になり、広がって、長い濃密な毛を生やすようになる。[22]男性の顎髭は、頭髪と同様、顔にあたる太陽の放射量を減らし、ここでも皮膚がんのリスクを下げ、同時に、顎の部分とその輪郭を男性らしく、大きく見せる。この形質を性的に魅力があると思う女性は多い。

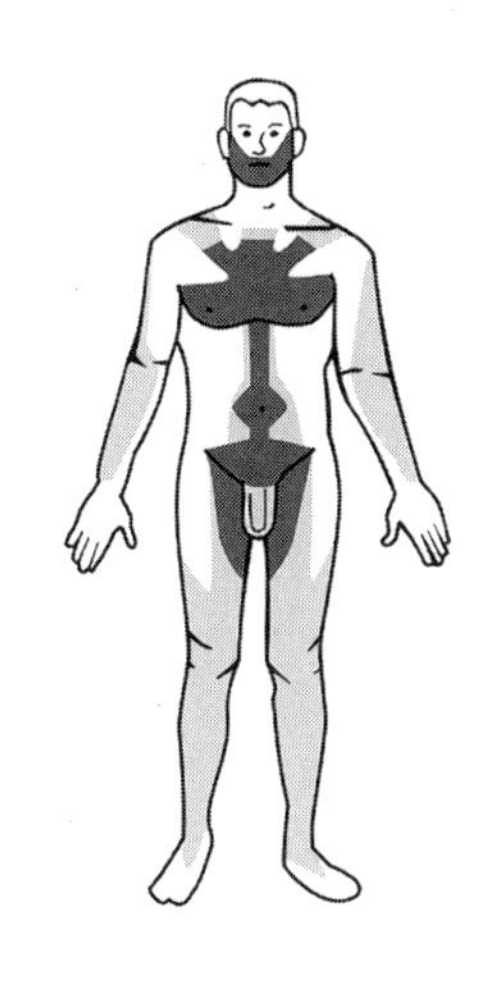

ヒトの体毛

これが長所となるのは、頭髪に始まる体毛の最も重要な役割が、種の継続を確保するのに役立つ価値にあるからだ。スキンヘッドも美しいかもしれないが、髪のそろった頭は、男女とも、すべて自然に生じる魅力とは言えなくても、やはり魅力的なものだ。たとえば、ジョン・ホプキンス大学の五人の研究チームによれば、増毛を受けた男性は、若く、魅力的と認識される。[23]男性の顔の毛も、そのときの流行によっては、魅力的になる。ニューサウスウェールズ大学（豪）の進化生物学者、ロバート・ブルックスは、「配偶者の選択の進化、魅力的であることの代償、性的紛争、動物が加齢する理由、性と食生活と肥満と死との関連、［ならびに］有性生殖の進化的、生態学的帰結［などの］性の進化的帰結」を研究する人物として独自の領域を開拓している。[24]二〇一四年、ブルックスらはグループのフェイスブックのサイト、

「セックス・ラボ」を使って、男性の顔の毛に対する女性の好みがブルックスの言う「負の頻度依存による性淘汰」の法則に従う、つまり一般的でない形質の方が魅力的に見えることを明らかにするよう設定した研究のために女性被験者を募った。髭を生やす男が少ないと、女は髭を生やした男の方を好む。ブルックスの調査では、一五〇〇人近くの女性（と約二〇〇人の男性）が、「規格化された四つの髭水準」――きれいに剃っている、薄い無精髭、濃い無精髭、ふさふさと伸ばした髭――の男の顔のサンプルについて、魅力度を評価する作業を行なった。ある集団は、伸ばした髭の男の写真を見せられ、次の集団はきれいに髭を剃った男性、また別の集団はきれいに剃った男から伸ばした髭の男までの四通りすべてを均等に混ぜたものを見せられた。結局、女性も男性も濃い無精髭と伸ばした髭がまれな場合にはそれを好み、そうした髭があたりまえのときには好む人は少なくなり、きれいに剃っている場合についても同様だとブルックスは言う。さらに「髭の流行は盛衰があることはわかっている。一八七一年から一九七二年までの『イラストレイティッド・ロンドン・ニューズ』紙の男性の写真を調べた見事な論文がある。主流はほお髭から口髭に変わり、それから顎髭になる。一九七〇年代には、ひねったカイゼル髭になった。八〇年代にはテレビの私立探偵マグナム型の口ひげだった。九〇年代には、きれいに髭をそった男が多く、今は大きく広がったもじゃもじゃの髭が戻っている」と言う。これは二〇〇八年の金融不安で、男たちが顔の毛で「自分の男らしさを上げる」ことによって新しい就職口を見つける可能性を高めようとしたせいかもしれないとブルックスは説く。[25]

実際の科学も、髭は健康、成熟、力を誇示すると言っているので、その就職対策はあたることも多い。まず、髭には他の体毛と同様、さまざまな黴菌が宿っていることがある。髭を生やすことで、「私の免疫系はその辺の黴菌は何でもやっつけられます」と言っているように見える。第二に、少年には髭はない。一人前の男にあるものだ。二〇一二年、オーストラリアの生態学者バーナビー・ディクソンと、カナダの心理学者ポール・ヴェイジーが、男と女に同じ男の写真を見せた。まず髭つきで、それから剃った男で。男女とも、髭のある方が年上だと言った。第三に、ディクソン／ヴェイジーの被験者は、髭の男の方を攻撃的（アグレッシブ）だと評した。また0から5までの社会的地位評価スケールでは、髭のある男はきまって、きれいに剃った男よりも怖い、つまり攻撃的と評価された。髭と社会的地位の関連を示すさらなる証拠は、二〇〇四年に英王立薬剤師会の会誌に出た論文から得られる。イギリスの大学にいる男性研究者の調査で、正教授は、講師や研究員といった下位の職員よりも有意に髭が濃いことを示したという。[26]少なくともイギリスでは、BBCの司会者ジェレミー・パックスマンが髭をきれいに剃った二〇一四年頃、次のサイクルが始まった。ポゴノフォビア（ギリシア語で髭を意味する*pogon*（ポゴン）による）、つまり髭恐怖に関する一時的な論争を起こしたと、ブルックスは、たぶん皮肉に言っている。[27]

中央の毛

思春期になると、男性は胸や腹に毛が生えるようになる。腹側の毛は恥骨部の方に達する。男性の腕は女性の腕より毛が濃く、肘から手首にかけてごわごわになっていく。同じことは人の脚にも言える。脛から足首にかけて濃く、もちろん男性の足の甲に顕著に生えていることもある。

猫を飼っている人なら知っているように、また犬好きだったダーウィンが書いているように、「猫は

男性の顔に生える毛の代償

平均的なアメリカ人男性は一五歳ほどで髭を剃り始める。アメリカ人男性の今の平均寿命は七六・一歳。

平均的な男性の顔には五〇〇〇～三万五〇〇〇本の髭が生えていて、そのそれぞれが月に一センチ余り、年に一五センチ、一五歳から七六・一歳の間に九メートル余り伸びる。

髭剃りにかかる時間は平均して三分ちょっとというところで、一五歳から七六歳の間、顔をつるつるにしておくのにかかる時間は一年に約六〇時間（二日半）、全部で一五二・七五日（まる五か月）ということになる。それと比べると、女性が脚の毛を剃るのにかかるのは、一生の間に一七二八時間（七二日）にすぎない。[28,29]

怖いときにはめいっぱい背伸びをし、背中を弓なりにして、よく知られたおかしな格好をする。『ふぅーっ』とか、『しゃあーっ』とか、『ぐるぅ』といった鳴き声を出す。体全体の毛、とくに尻尾の毛が逆立つ。私が見た例では、尻尾の根元の部分が直立して、先端部分は一方の側に放り出される。尻尾は少しだけ立ち上がり、ほとんど根っこから一方の側へ曲がっていることもある（図15）。耳は後ろに伏せられ、歯がむき出しになる[30]」。

人間は歯をむき出したり、尻尾（存在しない）の向きを変えたりはしないが、人間も立毛反射、あるいは起毛を経験する。短い毛それぞれの根元や羽の毛嚢にある立毛筋が収縮して、毛をぞわっと直立させる。人間以外の動物にとって、直立した毛や羽や棘は、暖かい空気が皮膚にあたるようにする保護シールドとなる。このシールドは、相手より優位に立とうとしたり、捕食者に見かけを大きくして「鎧を着た」生物と見間違えさせ、警戒して後退させようとして、当の動物を大きく、恐ろしく見せるという守り方もする。アメリカ人は起毛反応（*cutis anserina*）を「goose bumps〔鵞鳥のぶつぶつ〕」と言う。カタロニアでは「鵞鳥の肌」（*Pell de gallina*）といい、チェコ語（*husí kůže*）、デンマーク語とノルウェー語（*gåsehud*）、ドイツ語（*Gänsehaut*）、ハンガリー語（*libabőr*）、アイスランド語（*gæsahúð*）、ラトヴィア語（*zosāda*）、ポーランド語（*gęsia skórka*）、ロシア語（*гусиная кожа*）、スウェーデン語（*gåshud*）、ウクライナ語（*гусяча шкіра*）も同じことだ。フランス語では「雄鳥の肌」（*chair de poule*）という。同じことはイタリアの一部（*ciccia di gallina*）、ポルトガル語（*pele de galinha*）、ルーマニア語（*piele de găină*）、スペイン語（*piel de gallina*）にも言える。アフリカーンス語（*hoendervleis*）、中国語（雞皮疙瘩）、オランダ語（*kippenvel*）、エストニア語（*kananahk*）、フィンランド語（*Kananliha*）、朝鮮語（*daksal*）、ベトナム語（*da gà*）では「鶏の肌」で、日本語はただの鳥に落ち着き、「鳥肌」と言う。[31]
解剖学者と心理学者は私たちの起毛を物理的、心理的引き金に対する目に見える一つの反応と定義する。私たちは怒ったり怖かったりすると「毛が逆立つ」し、私たちの細い直立した繊維では敵を怖がらせることはないかもしれないが、明らかに自分が相当の恐怖、あるいは逆に、快感、性的興奮を感じていることのしるしとなる。もしかすると、動物が羽や毛皮を立たせるように、人の直立した毛は、実は保護するものだという話を読めば驚かれるかもしれない。人の毛嚢は真皮に収まっている。真皮では、それぞれの毛根に、一定の状況で立つよう伝える神経末端がつながっていて、感覚警報装置として動作させ、空気の動きや温度の上下について、また、蚊が止まったことなど、物理的環境でのほとんどそれとわからないほどの変化について警告する。ある研究者が書いているところでは、立毛反射は触覚を「皮膚の表面を超えてそれを囲む空気や空間に」まで拡張する。[32]
次は男性の胸毛。胸の乾いた状態を保つために汗を逃がすだけでなく、これに惹かれる女性もいる二次性徴だ。二〇一二年、トルナヴァ大学（スロバキア）のパヴォル・プロコプらの生物学者チームが、胸毛のある男と毛のない男（同じ人物で、首から下だけを撮影している）のどちらが魅力的かを評価することになり、それに同意した一六一人のトルコ人女性と一八三人のスロバキア人女性を面接調査した。この二つの国では寄生虫病の発生率が異なり、トルコでは高く、スロバキアでは低いが、どちらの国でも、毛のない胸の方が八〇パーセント対二〇パーセントと圧勝だった。女性がどちらの胸を選ぶかには、女性ホルモンが関与するらしい。それ以前の研究では、月経周期のうち、妊娠可能な時期には毛のない胸の方を好む率が高く、それ以外の時期は、毛深い方を好む率がわずかに高いことが示されている。これに対して、プロコプは無難な解釈を採り、女性は人それぞれであり文化も異なるので、好みは変動すると予想されると記した。[33]

脇毛も忘れないようにしよう。これも人間の性的行動に出番がある。フェロモン（ギリシア語で「運ぶ」を意味する*pherein*（フェレイン）と、「駆り立てる」を意味する*hormon*（ホルモン）という二語による）は、アリでもヒトでも、ほとんどあらゆる動物が分泌し、植物も分泌すると言われる、他の動物の行動に影響する自然にできる物質だ。解発フェロモンは他の個体を引き寄せる。起動フェロモンは高い心拍数や闘争／逃走の反応などの肉体的反応の引き金となる。男も女も、脇の下のアポクリン汗腺から液体の形でフェロモンを分泌する。脇毛は男性で濃く、匂いを効果的にその場に保持し、潜在的な性的パートナーは持っている遺伝子に基づいて反応するらしい。

主要組織適合遺伝子複合体（ＭＨＣ）という、私たちの免疫系が侵入者を識別して阻止する能力を高める遺伝子の一群がある。さらにおもしろいのは、ＭＨＣは、私たちの個体ごとに特徴的な匂いを生み出し、他の人についての好みを決めるところにも役割を演じていることだ。実験室での研究では、マウスは自分とは違う匂いの性的パートナーを探し出す。ヒトについての同様の研究では、私たちもそうするらしい。一九九五年、スイスの生物学者クラウス・ヴェーデキントは男女学生を集めて男性の体臭に対する女性の反応を調べた。まず、ヴェーデキントは男女の被験者それぞれについてＭＨＣの特徴を確かめた。それから男性には四八時間「匂い不偏（オダーニュートラル）」――コロンも香水も石鹼も匂いのきつい食べ物も、アルコールもたばこもなし――にして、二晩同じＴシャツで寝るよう頼んだ。三日目の朝、女性にそのＴシャツをかいで、匂いについて記述するよう頼んだ。ヴェーデキントの女性被験者は、実験室のマウスのように、MHCが自分とは違う男性の匂いの方に惹かれた。それは今の、あるいは過去の性的パートナーの匂いみたい、と女性たちは言った。言い換えると、遺伝子的に対立しているどうしが実際に引き合うのだ。たぶん、自然が異なる遺伝子プールの交配を奨励し、子の健康が増すのを促す一つの方法として。[34]

こうして話は最も性的で、したがって最も役に立つ体毛、男性と女性に生命が始まるところを指し示す下向きの矢印のような恥骨の三角形のことになる。

下の毛

動物界の他の動物とは違い、ヒトという種には陰毛といういろいろデリケートな領域がある。生物学者でユニバーシティ・カレッジ・ロンドンのウイルス腫瘍学教授ロバート・アンソニー・(ロビン・)ワイスは、ヒトの他の体毛が目立たなくなるとともに、陰毛は性的装飾として新たな役割を獲得し、目立つ、魅力的な存在になったと思った。その説を裏づけるために、ワイスは動物園へ行き、私たちの最も近い親戚の股間を見て、いろいろな大型類人猿の体では、恥骨領域の毛は体の他の部分にあるものより細く短いことを確かめた。人間の場合とは逆のパターンだ。この学術的な覗き行為は、ヒトの陰毛はそちらとは違っていて、進化においても外見と目的においてもおそらく独特のものだというワイスの論旨を支持した。陰毛と裸の陰部の評価にはやりすたりがあることをふまえて、ワイスはこの説は純然たる推測だということを認める。しかし再現されるまでは科学はみなそういうものだ。[35]

赤に力があるのか？　旧世界猿や類人猿のいくつか、最も有名なところではヒヒの雌の成体は、膨張した性器の周囲に毛のない皮膚の領域があり、雌が雄を受け入れる態勢になるとそこが赤くなる。五〇年以上前、マスターズとジョンソンはヒトの性生活に赤が目立つことに気づいた。「赤いネオン」地区があるし、バレンタインデーは赤だし、鮮やかな赤の（流行と流行遅れを繰り返す）口紅があり、どこで暮らし、どんな文化を支持しようと、女性は赤を着て、赤い椅子に座り、赤い車を運転しているときの方が、あるいはただ壁が赤い部屋にいるだけでも、魅力的と認識される。しかしそれは女性の体にもあてはまるだろうか。ケント大学（英）の大胆な人類学者グループは、雄が赤に魅了されることを知って、これは性的に興奮しているときに膨張してピンクから赤、さらには紫になる陰唇の色と結びつくのだろうかと考えた。実は、このケント・チームが同性愛ではない男子大学生が女性の生殖器の魅力を色で評価するよう求められる研究を始めるまで、誰もそのことを確認していなかった。女性の志願者にカメラ撮影用のポーズをとるよう頼んだわけではない。学生はただ、「女体についての情報を提供します……クリトリス、外陰部の写真つきでその美しさを称えます」と謳うインターネットのサイトへのリンクをクリックしただけだ。窃視症を排除するような事前審査を通過した四〇人の男子被験者は、陰唇の色が濃いめのピンクか赤っぽい色への好みを示すことはなかった。実際には、あらゆる種類を同様に魅力的と考えていた。[36]

見せて語れ（語るな）　古代世界では、陰毛は男も女も三角形にかたどられ、描かれていた。後の時代になると、ほとんどの画家は、ボッチチェリの「ビーナスの誕生」のように裸の男も女も、局部はつつましやかに覆うポーズを取らせるか、けしからんと思われる毛は消してしまった。ミケランジェロはこの伝統から離れて、ダヴィデ像に様式化された陰毛をつけて古代芸術に回帰したが、数年後、おそらくカトリック教会を立ててのことだろうが、システィナ礼拝堂の天井にミケランジェロが描いた男性像には同様の装飾は施されなかった。古典時代のヨーロッパ美術の女体は、一本の毛もなく、波から立ち上がるボッチチェリによる一五世紀のビーナスのように、つるつるだった[37]。一八世紀になると、洋の東西を問わず、ポルノグラフィックな画像に女性の陰毛が表れるようになった。そうしてフランシスコ・ゴヤの「裸のマハ」(裸の愛人)が登場する。一七九二年から一八〇〇年の間のいずれかのときに描かれた、等身大の九七センチ×一九〇センチの人物像で、実際の女性の陰毛を示した初めての近代ヨーロッパ絵画と言われる。次の「着衣のマハ」が、一八〇〇年から一八〇五年の間のいずれかの時点で描かれ、靴は履いていないが、きちんと服を着た同じポーズの同じ女性が描かれている。この二枚の絵は一九〇一年以来、マドリッドのプラド美術館に並んで掛けられている[38,39]。

半世紀以上後の一八六三年、エドゥアール・マネは、有名な高級娼婦オランピアの肖像でこの問題を避けて通らざるをえないと思い、裸の腿の間にそっと手を置いた。それから流行が始まる。三年後、ギュスターヴ・クールべは衝撃的な「世界の起源」を発表した。膣のあたりの詳細な描写はまだFacebookにはみだらすぎると考えられるが、大胆な人々は、パリのオルセー美術館で衆人環視の中で見たり、あるいは同館のウェブサイトでクリックして一人で見たりする[40]。ビクトリア時代の傑出した美術評論家ジョン・ラスキン(一八一九~一九〇〇)は、最初のマハは見逃したにちがいない。二九歳でエフィー・グレイと結婚したときは雪のように純真だったらしく、初夜に妻の陰毛を見て気絶してしまい、結婚してから六年間、妻は処女のままだったと言われる。エフィーは両親への手紙に、「ジョンは女性というものを私の姿とは全然違うものと想像していて、本当の妻にしてくれなかった理由は四月一〇日［一八四八年］の初夜に私の部分（パーソン）に嫌悪を催したからでした」と書いた。後に婚姻無効にしようと、ラスキンはこのことを弁護士に対して追認している。「ほとんどの人々が惹かれる女性を遠ざけることができるなんて奇妙なことに思われるかもしれません。しかし妻の顔は美しいが、あの部分は情熱をかきたてるようにはできていません。逆に、あの部分にはそれを完全に抑止するような状況がありました」[41]。

ラスキンだけではなかった――し、今でもそうだ。生物学者のパヴォル・プロコプは二〇一六年に女性の多くは毛のない胸の男の方を好むことを知ってから、方向を換えて、男性に、女性の体毛についてどう思うか尋ねた。全体として、毛がない女性の恥部の方が好まれることがわかった。ただ、そちらを好むのは、一九歳から三八歳の若い男の方で、それより上の男よりも多かった。余談として、プロコプはよくポルノに浸ると言う男は女性の陰毛に抵抗がないということも記している。プロコプは、恥部の好みに対する進化による説明を求め、この結果は、女性の胸毛に対する見方にある程度対応しており、毛深い体と寄生虫との関連に相関しているのではないかと唱えた[42]。元オックスフォード大学の生物学者チャールズ・グッドハートなどの一部の動物学者の考えでは、毛のない体に人気があるのは今に始まったことではなく、女性の側の好みが分かれるのに対し、男性は昔から毛のない女性の方を好み、配偶者に選んでおり、そのため現代女性は現代男性よりも体毛が少なくなる方向に進化したのだという[43]。

寄生虫はともかく、女性が頭の毛まで覆うことを求められた歴史から、男性の中に女性の毛は耐えがたいほど刺激が強く、女性の性的秘密と慎みの最後の砦と思う人々がいることがわかる。セックス、ドラッグ、ロックンロールの十年が始まる七年前、一九五三年一二月に『プレイボーイ』誌が登場したときには、毛が一本も見えていなければ、どこのニューススタンドでも裸の女性の写真を売ってもかまわなかった[44]。イギリスとヨーロッパ大陸で一九六五年にデビューし、四年後にアメリカに上陸したた『ペントハウス』誌はその掟を破り、『プレイボーイ』も一九六八年七月の見開きで、瞬きすると見逃すかもという写真で追随せざるをえなくした。『プレイボーイ』で最初の中とじ見開きで正面からのヌードは一九七二年一月号のプレイメイトだった。二年後、『ハスラー』誌はいっさいのデリカシーを外して、ほとんど婦人科のような女性器の解剖学を見せた[45]。

インディアナ大学のデビー・ハーベニックが言うには、今日では、男も女も陰毛は非女性的と考えているらしい。しかしそれが大事なところではないとも言っている。女性の体毛はすべて受け入れがたく、陰毛はただ「最後の付け足しのようなもの」らしい[46]。男性の陰毛に関する研究は少ないが、裸の女性の陰部は華々しく復活している。インターネットにはいろいろな形の女性の「ヘア」スタイルの写真が、そのファッションについての賛成反対の意見とともにあふれているが、それは不運なことに、リスクフリーではない。実は、陰毛を脱毛することには、伝染性軟属腫（皮膚にできる小さないぼ）のようなウイルス性の皮膚感染症、性器疣贅（ゆうぜい）、嚢胞、傷、未発達の毛などの可能性が増大する結果が伴う。こうした不快な症状は、剃毛、ワックス脱毛、毛抜きによる炎症や傷に関連していて、もしかすると、あまり衛生的でない脱毛サロンや自宅での本人の衛生が足りないことに伴うのかもしれない。しかしあせらないで。悪い話ばかりではない。「レーザー脱毛はその類には含まれないらしい。小さな傷も出血もないからだ」とデリュエルは言った。さらに、陰毛を脱毛するのはシラミがついたり広がったりするリスクを下げる傾向があるとも[47]。

毛は少なく、ただし無毛ではなく

ではダーウィンは正しかったのだろうか。体毛はただの痕跡なのか。そうとも言えるしそうでないとも言える。人の胴体は首から始まってへそで終わるのではないし、そうだったとしても、そこには先祖と同様、多くの毛がある。ただ、すでに述べたように細く、目立たなくなっている。

それ以外にも、他の霊長類にはないところに毛があり、それには明らかに利点がある。エリザベス・バレット・ブラウニングを敷衍して、愛し方ではなく役立ち方を挙げてみよう。[48]

髪の毛は寒いときに頭皮から体熱が自然に失われる量を減らし、逆に温かいときには蒸発で皮膚を冷やす汗を保持して流れてしまわないようにする。強烈な日光の発がん性のある光線から頭皮を守り、事故で頭を壁にぶつけたときに衝撃を和らげることもある。男性の顔の毛は社会的に意味があるだけではなく、太陽から守ってもいる。鼻や耳の細かい毛は埃を取り除き、黴菌を寄せつけない。腕や脚の起立可能な毛は風がどちら向きに吹いているかを教える空気の流れを捉え、蚊が腕や脚に止まったことを感知する。

しかし私たちの上から下まである体毛のたぶん最も重要な機能は、社会的、性的媒介としての役割だろう。毛が伸びる場所や、それをどう扱うかは、私たちの社会的地位と文化的帰属の両方に結びついている。世界中のあらゆるところで、女性は男性よりもいろいろな部分の毛を脱毛することが多い。今の陰部もさらす(たぶん一時的な)流れの際には微妙な毛まで。[49] 男の顔の毛は社会的地位と結びついている。髭の状態は、その人が誰でどこにいるかによって、本人が貴族か低い身分かを物語る。しかしごく基本的なところでは、私たちの体毛は一般に性別を特定し、おおまかに誰が男で誰が女かを教える。フェロモンを捉えて将来の交配相手を引き寄せるのにも役立つ。

確かに私たちの体毛の多くはなかなか見えないが、それはちゃんと発達していて、痕跡器官とは言えず、痕跡かどうかは永久脱毛が簡単にできるかどうかで判断するとすれば、痕跡とは言えないだろう。毛を生やす何億という毛嚢を取り除くことはできない。

それは私たちにあるのものだ。

それはちゃんとある。

すぐにはなくなりそうなものでもない。

第3章　尾の骨のお話——尾骨

うれしいときには誰もが願う
振れる尻尾があればいいのに

——W・H・オーデン

「人間と、これから述べる他のいくつかの脊椎動物の場合には、尾骨には尻尾としての機能はないが、明らかに他の脊椎動物の尻尾に対応するものである。発生の初期には尾骨は自由で、下側の端より先へ突き出ている。ヒトの胎児の図にも見られるとおりである。生まれた後でも、まれな異常の場合には、体外に小さな尻尾の痕跡をなすことが知られている。尾骨は短く、たいていは四つの、すべて膠着した脊椎骨のみを含み、これは痕跡的な状態にある。というのも、基底のものを除き、椎体のみでできているからである。そこにはいくらかの小さな筋肉がついていて、その一つは、「エディンバラ大学解剖学教授ウィリアム・」ターナー教授に教えてもらったことだが、テーユによって、尻尾の伸筋、つまり哺乳類に広く発達している筋肉を痕跡的に反復したものと明言されているという。人間の脊髄は胸椎の最後あるいは腰椎の最初までしか延びていないが、糸のような構造(「終糸」)が脊椎管の仙骨部分の軸を走り、尾骨の背面にまで通っている。この繊維の上側は、「ターナーが」教えてくれたことだが、疑いもなく脊髄と相同である。しかし下側の部分は明らかに軟膜、つまり血管を覆う膜でしか構成されていない。この場合でも、尾骨はもう骨の管の中に収められていなくても、脊髄なみの重大な構造の名残を有していると言ってよいだろう」
——チャールズ・ダーウィン『人間の由来』

ものすごく多才な尻尾

尻尾には見事なところがたくさんある。ティラノサウルスの巨大な尻尾は、その大きな体が頭から地面に倒れ込むのを防ぐための、つりあいをとる重りだった。カバは尻尾をぐるぐる振り回して糞を撒き散らし、縄張りをマーキングする。魚の尻尾は左右に振れて、水中を進む動力となる。猫は鳥のように尻尾を舵として使う。鳥は飛びながら、猫は飛び跳ねながら、場合によっては鳥を追っかけて。ワニの尻尾は将来に備えてエネルギーを蓄える脂肪の貯蔵庫で、クァッカワラビーもそうだ。[1] 猿の尻尾は木の枝などをつかんで保持できる把握力のある付属肢で、森を木から木へぶらさがって進む能力を補強する。[2] 牛や馬は尻尾を使ってうるさい昆虫を払う。ジョージ・オーウェルは『動物農場』で、ロバのベンジャミンを考案し、「神はこの動物に蝿を追うための尻尾を与えたが、当のロバにはむしろ、蝿も尻尾もなかったらもっとよかっただろう」と言う。[3] もう一つ、サソリの尻尾、あるいはミツバチの尻尾は毒を注入するのに用いられる攻撃用兵器だ。これに対してガラガラヘビはもっと親切で、音を立てる尻尾を使って、差し迫った攻撃——尻尾ではなく毒牙による——の犠牲者候補に警告している。

尻尾の特色が他とは明瞭に異なる変わった動物もいる。メキシコ産のサンショウウオ、アホロートルを考えよう。その尻尾はひれで装飾されている。これはアホロートルが陸上でも水中でも難なく過ごせ

尻尾をめぐる魅惑の豆知識

ガラガラヘビは生まれたときにはガラガラがない。ガラガラの第一節ができるのは、生まれて一、二週の、初めての脱皮をするときだ。ガラガラヘビは年に二、三度の脱皮をするたびに、ガラガラに新しい節が加わる。[4]

ることを意味する。マダガスカル島でしか見られないエダハヘラオヤモリ〔英名はsatanic leaf-tailed gecko（サタニック・リーフテイルド・ゲッコー）〕は、頭のてっぺんに角のように見えるものがあるため悪魔（サタニック）のようなと言われるが、色を変えることができるだけでなく、葉っぱのように見える尻尾もあり、この両方が、捕食者から身を隠す隠れ蓑になる。[5]しかし現代のどんな変わった尻尾でも、*Microraptor gui*（ミクロラプトル・グイ）と呼ばれる、恐竜と鳥両方の祖先かもしれない動物のものほど変わったものはない。ギリシア語〔ミクロ〕とラテン語〔ラプトル〕の単語に由来する、「小さな泥棒」という意味の名がついたこの小型の動物の仲間は、竜弓類という、現生鳥類と爬虫類およびその祖先を含む一群に属する。ミクロラプトルは鼻から尻尾までが七五センチほどになり、体には羽が生え、四枚の翼があり、尻尾にも羽があったが、飛びはしなかった。この動物の化石は、中国のいろいろな博物館に展示されていて、単純な古い尻尾の世界に魅力を加えている。あるものは尻尾が非常に顕著なので、そのラプトルは、ユニバーサル・スタジオ製アニメ映画『リトルフット』シリーズ第一二弾「飛行動物の栄光の日」では、Guido（グイドー）と名づけられ、ガイドの役を与えられる——ガイドでありかつミクロラプトル・グイという名の両方に基づく言葉遊びはわかりにくいが古生物学者は喜ぶ。[6,7]

　尻尾は神話でも目立つ姿を見せていて、架空のキャラクターに、他とは違う特徴を与えることが多い。有名どころをアルファベット順で挙げると、*Cerberus*（ケルベロス）から始めることができる。これは地獄の門を守る三つの頭の巨大な犬だ。それには蛇の尻尾がある。スフィンクスの母親である*Chimera*（キメラ）もそうだ。グリフィンとも呼ばれる*Gryphon*（グリフォン）は、忍び寄ることで知られるキャラクターで、ライオンの尻尾がある。ペルシアの有翼の魔物、*Manticore*（マンティコー）はライオンの胴、人間の頭、三列に並ぶ鋭い鮫の歯、ミサイルのように発射される尻尾を持っている。*Mermaid*（マーメイド）〔人魚〕は女性の胴体と魚の尻尾を持つ。*Satyrus*（サテュロス）は人間の男

ギリシア・ローマ神話の海神で、ポセイドン／ネプチューンの息子、トリトン

の胴体と馬の尻尾を持つ。海神*Trition*（トリトン）は脚の代わりに魚の尻尾が二つある。[8] 現実生活に戻ると、尻尾のある多くの動物について、興味深い尻尾の使い方は、話す、歩く、異性を惹きつけるの三つだ。

尻尾で話す

人類は主として話し言葉で意思疎通を行なうが、身体的な信号も用いる。笑みを浮かべれば「イエス」だし、顔をしかめれば「ノー」で、手首の角度や手の動きによって、「こんにちは」、「さようなら」、「どういたしまして」を表す。もちろん、動物も意図をもって声を出すことがある。犬が「がるう」とうなったり、猫が「しゃあっ」と声を立てるのを警告と思わない人はいないだろう。しかし動物も私たちと同じように、他の体の部分でも「話す」。犬なら表現力豊かな尻尾によって。犬は肛門周辺の臭腺を嗅いでお互いについて知る。ゲインズビルにあるフロリダ大学犬認知行動研究所を創立したモニク・ウーデルの解説では、犬が他の犬を信頼する態勢にないときは、生殖器を尻尾で隠すのだと言う。尻尾を体の後ろから下へとたくし込むのは、「『ここが心配だ……この場はやりすごしたい』と伝える一つの方法である――人間が腕を組んで拒絶するように」[9]。人間は尻尾を振ることを一般にうれしいとか親愛と見ているが、動物どうしでは、複雑なことを伝達しているかもしれない。二〇一三年、バリ・アルド・モロ大学（伊）のマルチェロ・シニスカルキらのチームは、犬が尻尾を振るのは左向きより右向きの方が多く、これは人間にとっては直接の意味はないが、他の犬には重要なことを言っているらしいということに気づいた。四三頭の犬に心拍数モニタを装着したベストを着せ、その犬の様子を動画に撮影し、犬は別の犬が尻尾を右に振るのを見ると、落ち着いて機嫌がよいのを発見した。しかし他の犬が左に振っているのを見ると、反応は逆になる。尻尾が左に偏るのを見た犬は、くんくん言い、尻尾を体の下に巻き込み、よだれを垂らし、極端な場合は逃げる。作業仮説は、右に振るのは左脳で接近行動と結びつき、左に振るのは、後退行動に結びついた右脳の信号になっているということだ。確かなことがわかるまでは、これまではずっと尻尾を振るのはうれしいことのしるしだと考えていても、知らない犬に手を出す前に尻尾がどっち向きに振られているか確かめてみてもよい[10]。

尻尾で歩く

動物界で最も明白な尻尾推進器は、魚の後端についているやつだ。何の意外性もない。しかしあなたが知らなかったかもしれないこともある。カンガルーも移動するために尻尾を使う。コロラド大学（ボールダー）、バーナビー（カナダ）のサイモン・フレイザー大学、シドニー（豪）のニューサウスウェールズ大学の研究者は、確かにカンガルーの太い尻尾は、立っているときや、二頭のカンガルーがどちらが上位かを決めるために戦おうと拳を振り上げるときにはバランスを取るのに役立つことを発見した」。意外なのは、カンガルーの典型的なジャンプ歩行を尻尾が明らかに効率的にするところだ。「われわれは、カンガルーが歩いているとき、尻尾をまさしく脚のように使うのを見た。カンガルーは尻尾を使って、移動を支え、推進し、強める。実際、その尻尾で人間が脚で行なうのと同じだけの機械的作業を行なう」と、この部分を執筆したサイモン・フレイザー大学のマクスウェル・ドネランは言った。共著者で、自身も実績のあるランナー、コロラド大学のロジャー・クラムは、「私はうらやましい。ジャンプのスピードを上げるとき、エネルギーを使う速さが増すわけではない。移動を速くしても疲れないという、ランナーが目指す究極の能力があるのだ[11]」。

尻尾で性的メッセージを送る

ダーウィンは『人間の由来』で、環境に適応した個体は栄えて生き残り、栄えて生き残れる子をなすだろうというわかりやすい見解を述べる。たとえば、枝から枝へとやすやすと伝って渡り、そうしながら餌を採集する尻尾の長い猿は、尻尾が短かったり、尻尾がなかったりする猿よりも、生き延びて生殖する可能性が高まる。しかし生殖には二頭必要で、問題は、生き延びる雄と雌がどのようにして一緒になるかということだ。ダーウィンの答えは実に大胆で、一般には『人間の由来』と呼ばれる、進化の見事さに関する第二の著書のフルネームはそのことを言っている。それがすべて記されることはめったにないが、『人間の由来および性に関する淘汰』という。

支配的な雄が長じて従属的な雌をめぐって争うような、父権的な一九世紀の世界でのこと、ダーウィンは両性を結びつけるのは、強い雄に見られる肩幅が広いなどの、雌の生存の可能性も向上させることが見込める二次性徴だと唱えた。それは完全に合理的な説だった——クジャクの尾に行きあたるまでは。[12] ところがそれクジャクの雌が、体の後端の凝った羽を広げる雄の方を選ぶのは、見るからに明らかだ。それは生き延びるための装備ではない。この装飾的な尻尾は、実際には大きすぎて引きずって歩きにくいし、雄どうしの戦いにも邪魔になるし、あまつさえ捕食者を引き寄せるので、立派な尻尾があるのは雄の生き残りに反する状況となる。[13] しかしダーウィンはリアリストだった。最初は『種の起源』で、それから『人間の由来』で、愛は理屈ではなく、クジャクの雄と雌の間でも、男と女の場合と同じく不可解だということを明らかにした。ダーウィンの性淘汰という別の概念からすると、雌の鳥が大きな尻尾の雄が好きだったら、その見るからに使えないけれども、ただ確かに美しい尻尾を次の世代に伝えるつがいができることになる。ダーウィンは正しかった。愛は理屈ではないのだ。しかし現代科学はダーウィンは最初から別のことも心得ていたと言う。専門家はクジャクの羽にある「眼」の数はただの飾りではないことを説いている。それはその個体の免疫系の強さの手がかりで、本当に立派な羽を持ったクジャクの雄は、寄生虫にたかられる可能性が低く、したがってやはり生き残ることになるのかもしれない。この考え方はまだ決定的に証明されているわけではないが、ダーウィンはその証明をしようとはしなかった。『種の起源』初版が出て五か月後の一八六〇年四月には、クジャクの雄の特徴について長い時間をかけて考えていて、もううんざりしていた。友人で、医師から植物学に転じ、「最適者生存」という言い方を考えたハーバードの自然史教授、エイザ・グレイへの手紙に「雄のクジャクの尻尾にある羽の柄は、

それを見るたびに気分が悪くなる」と書いている。[14、15]

尻尾なしでやっていく

あるアメリカ先住民の古典的民話にはこうある。「昔、熊には長い、黒い、太い、つやつやの尻尾があった。その美しい尻尾を狐がうらやんだ。ある寒い冬、狐は熊からその自慢の財産を奪おうと計り、罠(わな)として湖を覆う氷に穴を開けた。熊が通りかかると、狐は自分の尻尾を氷の下の水に浸し、引き出すと、尻尾の先に魚がくっついていた。見てよ、と狐は熊に言った。君も尻尾を水につっ込めば、いくらでも魚を捕って食べることができるよ。そこに座って尻尾を氷の穴に通して、魚がかかったと思ったらそのたびに尻尾を引き出せばいいんだ。熊はそこに長いこと座っているうちに眠ってしまい、翌日、狐が通りかかり、起きろと声をかけると、かわいそうな熊はむっくりと起き上がった――凍った尻尾はぽきりと折れて氷の中に残ったまま。こうして今の熊には尻尾はないのだと、この話は語る。[16]

マンクス種の猫も尻尾がない。ただそれに尻尾がないのは、氷の水に浸したからではなく、尻尾を形成する遺伝子の突然変異による。マンクス種の最初はイギリスの西岸沖のマン島で繁殖し、なかには、尻尾があるべき脊椎の基底部にくぼみがあるものもある。小さなこぶがあるもの、もっと長い切り株のような尻尾があるもの、ちゃんと尻尾が伸びたものもいる。尻尾のない鶏、ラット品評会用の尻尾のない珍しいラットもいる。そう、品評会用。犬の種類では、寸詰まりの尻尾、あるいは尻尾のない犬種は比較的多く、イングリッシュ・シープドッグ、ボストンテリア、ブリタニー・スパニエル、イングリッシュ・ブルドッグ、ジャック・ラッセル・テリア、キング・チャールズ・スパニエル、エリザベス女王のお気に入り、ウェルシュ・コーギー・ペンブロークなどが挙げられる。[17]

見た目をよくするという人間の――犬のではなく――基準に合わせるために、あまり気持ちのいいものではないが、健康上はまったく問題のない尻尾を切断する、断尾（ドッキング）という、遺伝によらない尻尾の喪失もある。ドッキングは古代からあり、その頃は尻尾を切った方が狂犬病になる率が下がると信じられていた。何世紀もたって、切断した尻尾などの獲得形質は親から子へ伝わるというジャン＝バティスト・ラマルクの理論が流行し、犬の飼い主は、労役、狩猟、闘犬用の犬は尻尾が長いとけがをするリスクが高くなることを知っていて、ドッキングは広まっていた。今日のアメリカでは、犬の品評会（ドッグショー）の審査基準でこの習慣を支持するものもある。幸い、獣医やその団体は、この慣習を否定し始めている。一九九九年、アメリカ獣医師会は、会員に、犬の飼い主に対して、不必要な外科的処置によるリスクや合併症の可能性について説明するよう、強く促した。世界小動物獣医師会と動物の権利擁護獣医師会は、次のような見解の声明を出した。「動物の権利擁護獣医師会、カナダ獣医師会、王立獣医科大学評議会（英）、オーストラリア獣医師会は一致してこの手術に反対する。ベルギー、デンマーク、フィンランド、ドイツ、イギリス、ギリシア、イタリア、ルクセンブルク、オランダ、ノルウェー、ポルトガル、スウェーデン、スイスは、美容整形としてのドッキングを（またもっと不必要な犬の耳のトリミングを）完全に禁止した。耳をトリミングした犬は、一八九八年以来、イギリスのケンネルクラブの規則で品評会に参加する資格がない。残念ながら、アメリカ・ケンネル・クラブはまだ品評会用の犬に美容整形を施すことを認めているし、それを求めることもある」[18]（余談だが、たぶん最もおもしろい事実は、尻尾を失った――

あるいは持っていない——犬も、他の犬とコミュニケーションができるということだろう。耳が聞こえない人々と同じように、尻尾のない犬は他の犬の話し方である左に振るか右に振るかの代わりになる身振り言語を確立しているらしい)。

しかし一般に信じられているのとは違い、ダーウィンが痕跡的と断定したのは人間の尻尾ではない。それは尾骨という、われわれが人間の尻尾の骨と呼ぶ構造物だ。

人間の尻尾を発明した男

coccyx(コクシクス)〔尾骨〕は背骨の端にあるいくつかの小さな骨の集まりだ。古代ギリシアの医師、ガレノスは、それは鳥の嘴(くちばし)のようだと考え、ローマ人はそれを*coccyx*と呼び、ギリシア人は*kokkyx*(コッキュクス)と呼んだ。いずれもカッコウという意味で、おそらくこの鳥の目立つ鳴き声の擬音語だろう。

他の動物では、尾骨は尻尾の留め金の機能をしていて、一八七一年にダーウィンが人間の尾骨は痕跡的と断じたときには、人間にもかつては尻尾があったということが言いたかったのだろう。そうでないわけがあろうか。尻尾は普遍的で、役に立ち、ときには魅惑的にもなるので、私たちの尻尾がどうなったのかと思うのは無理なことではないかもしれない。

しかし何もない。

私たちに尻尾があったことはないし、人類の直接の進化上の先祖、大型類人猿を含むヒト上科の動物、オランウータン、ゴリラ、チンパンジー、テナガザルにも、さらにはアフリカとアジアに固有の尻尾のない旧世界猿にもなかった。[19] しかしある理由によって、ドイツの動物学者、エルンスト・ハインリヒ・フィリップ・アウグスト・ヘッケル（一八三四〜一九一九）という熱心なダーウィン説の支持者は、人間にはかつて尻尾があり、それが進化の流れを泳ぐうちに失われたことを証明するのを自分の使命にすることにした。

ヘッケルは動物学者の言語学者のような人で、人間生成学（アントロポゴニー）（人間の起源の研究）、生態学（エコロジー）、門（ファイラム）（生物分類）、系統発生（フィロジェニー）（種の発達）、幹細胞、さらに酵母などの植物と動物の性質を併せ持つ単細胞生物の集合の名称[20]、原生生物（プロティスタ）といった生物学用語を考え出した人物だった。大著『一九世紀末における宇宙の謎』（一八九九）〔『宇宙の謎』栗原元吉訳、玄黄社（一九一七）など〕では、一元論、つまりすべては一つのものに由来するとし、私たちはみな共通の祖先の子孫だということを、別の言い方で解説、支持し、こう書いた。「胎児の歴史（個体発生）は、第二の、同様に価値があり、密接につながる考え方——種族の歴史（系統発生）によって補完されるにちがいない。卑見では、進化にかかわる科学のこの二本の枝はともに、因果的に密接につながっている。これは遺伝と適応の法則が相補的に作用することから生じる……『個体発生は系統発生を短時間で急速に反復したものであり、遺伝（世代）と適応（維持管理）の生理学的機能によって決まる[21]』」。

ヘッケルは歴史からはほぼ消えているが、『宇宙の謎』〔英語版〕は今も版を重ねてアマゾンでも買える〔邦訳は、先に挙げた版がNextPublishing Authors Pressより、オンデマンド版として出ている〕。ヘッケルが歴史から消えても、その遺産は、生物学を選択するあらゆる生徒が高校の理科の先生の下で教わる言葉、「個体発生は系統発生を反復する」とともに残っている。これは私たちそれぞれが、胎児として、私たちが今いるところまでたどってきた進化のいくつもの段階を経るという考え方だ。ヘッケルの証拠は、次の有名な図だった。これは一八九二年にジョージ・ジョン・ロメインズ（一八四八～一八九四）という、カナダ生まれのイギリス人生物学者にしてダーウィンを強く支持していた人物が描き直したもので、ロメインズの主な関心は、本人が比較心理学と呼ぶ、脊椎動物すべてに似たような思考過程がある可能性を調べることだった。[22]

初めて左の絵を見れば、おそらく「わあ、みんな同じなんだ」と思うだろう。

でも、考え直そう。同じではないからだ。

どれも脊索動物[23]、つまり脊索（脊髄を保持している中空の管）がある動物で、人間は胚発生の間しばらく、脊椎動物――魚類、カエルなどの両生類、爬虫類、鳥類、他の哺乳類――と同じく尻尾があるように見えるのはそのとおりだ。現代の胚発生学者や形態学者（生物の構造を調べる人々）は個体発生と系統発生との関係を認識しているが、それは不可分のつながりではない。[24]

進化は本当だと認める人々は、すべての脊椎動物が、かつては水中に住んでいた何らかの共通祖先に由来し、乾いた陸上に移住した場合もあるということを知っている。また胚発生のいくつかの段階で、共通の特色（フィーチャー）はあるが、共通の未来（フューチャー）ではないことも知っている。たとえば、初めはすべての脊椎動物の胚に「上肢芽」があるが、人間は肉球のある子犬にも、翼のある鳥にもならない。人間の手足の指はしばらく水かきがあるが、カエルにもならない。ヒトの遺伝子や染色体は、ヒトはヒトになるようにする。ヒトの上肢芽は腕になり、二〇〇〇例に一例ほどは指、とくに足の第二指と第三指の間に水かきがついたまま生まれることがあるが、通常は、胎児が二か月になる頃には水かきは酵素で消えてしまう。[25]

だいたいそれと同じようなことが、尻尾のように見えるもので起こり、実際は妊娠第四週頃に現れる初期の背骨の伸長で、さらに数週間後、脊椎や脊髄が発達する間に縮んで尾骨になる。[26]

生まれたときに尻尾のある赤ちゃんはいるの？　と言われるかもしれない。生物学用語では、先祖返り（アタビズム）というのは進化の後戻りのようなもので、ある動物が種の階段を上がっている間に、とっくに消えていた形質が現れることを言う。たとえば、今、地球上で暮らしている鳥類は、すべて歯がない。

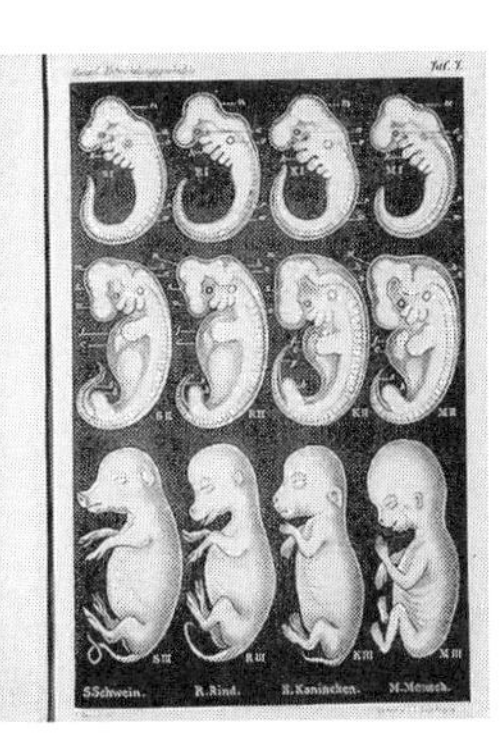

胚どうしの類似性

エルンスト・ヘッケルの*Anthropogenie*（1874）にある図。魚、サンショウウオ、カメ、鶏、豚、牛、ウサギ、人の胚発生でのいくつかの段階を描いている。

しかし近年の研究からは、とっくの昔――中生代、つまり新旧の「中間の動物」の時代で、三畳紀（二億五一〇〇万年前から一億九九六〇万年前）、ジュラ紀（一億九九六〇万年前から一億四五五〇万年前）、白亜紀（一億四五五〇万年前から六五五〇万年前）からなる――の鳥にはエナメル質の歯の遺伝子があったが、それはその後、現代のすべての鳥の上下の顎を覆う、特化した硬い物質［嘴］に置き換わった。二〇〇六年、ドイツの科学者グループが、突然変異鶏の胚に先祖返り的に歯を形成させて、この突然変異体をタルピッド２（ta-2）と名づけた。[27] このドイツ人グループと、リヨン大学のグループは、先祖返り的な出来事は、個体のＤＮＡにはかつての形質に対応する遺伝子があり、突然変異によってその遺伝子が、後に現れた形質に対応する遺伝子を上回るという説明をしている。それでも、両グループとも、現代の歯がある鶏は、諺どおり、滅多にない[28]〔英語では「雌鶏の歯」は滅多にないものという意味の表現〕。

ヒトの尻尾については、今ではWint-3aという名の遺伝子がマウスでの尻尾の発達を差配していて、ヒトにも実は、胚に「尻尾」を生み出すこの遺伝子があるのだが、その細胞はアポトーシス（定められた細胞の死）の結果として通常は消えていくことを、胚発生学者は知っている。しかし——重要な「しかし」だ——こうした遺伝子は、他のいくつかの哺乳類のような、本物の生きた尻尾を育てるのではなく、体の他の部分のために使われる。間違いがあったり、突然変異が起きるといったまれな場合には、ビンゴ！　赤ちゃんに本物の尻尾ができる。[29]

著者が違えば参照する研究も違うだろうが、評価が高いものそうでないもの含め、医学論文に記録された出生時に尻尾がある新生児は一〇〇例ほどあるといったところだろう。しかし現実には、新生児の尻尾は、それとはまったく別物らしい。たぶん、一つあるいは複数の脊椎を持つ、胎児の背骨の延長部分の先祖返り的な尻尾の名残は、尾骨突起、あるいは尾骨突出だろう。第二の、もっと一般的な「尻尾」は、尾肢という、血管や神経や筋肉組織はあるが、脊椎はない柔らかい構造物だ。それは背骨あるいは脊柱のもっと上に付着している。一九八二年の『ニューイングランド・ジャーナル・オブ・メディスン』に載ったある報告に記されているところでは、この組織は、「初歩的な脊椎構造さえない」ので、他の脊椎動物の尻尾とは違う。医学文献には、尾椎のある、あるいは尾椎の数が増えている尾肢については、きちんと立証された事例はなく、尾椎のない脊椎動物の尻尾の動物学的先行例もない。[30]

外科で蓄積された経験は、尾骨突起はほとんど影響なしに切断できることを示している。かつては高名な医師が、尾肢についても同じことが成り立つと思っていた。一九八四年、『人間病理学』という一流の学術誌に掲載された報告は、「痕跡的な尻尾」は「外科的に容易に取り除けて、後遺症もない」と言っている。[31] 一年後、やはり権威ある『神経外科ジャーナル』誌が、「人間の尻尾は、実は［脊］髄の形成異常ではなく、良性の症状である」と報告している。[32]

しかし画像診断技術がますます精密になると、新生児に尾肢がある場合、外科手術の前に十全な身体的評価を必要とすることが、あちこちで明らかになった。尻尾に見えるものが、実は背骨の癒合不全であるかもしれない。癒合不全とは、脊椎、脊髄、そこに付着する神経根の欠陥など、一群の生まれつきの異常を指す用語だ。[33] 他にも口蓋裂、内反足、脊髄そのものの異常など、関連する問題や欠陥があるかもしれない。一九九八年、国立台湾大学病院（台北）小児科の医師団が、一九六〇年から一九九七年に生まれ、尾肢のある五〇人以上の新生児を調べ、それからこの偽の尻尾に関連しそうな欠陥のリストをまとめた。そこでわかったことを次の表にした。このチームの結論は、もちろん、尾肢はかつて思われていたような「他の点では健康な子どもにある良性の新生物」ではないということだった。結局、次のように唱えられた。「関連する脊髄の症候が将来進行する可能性を明らかにし、防ぐために、手術前の詳細な画像検査が必要である。可能であれば、とくに磁気共鳴画像（ＭＲＩ）が推奨される。とりわけ背骨の癒合不全がある場合には、手術後にありうる事態を調べて長期的追跡調査を行なう必要がある」。[34,35]

シェリ・カシミール医療科学大学（インド、スリナガル）から出された二〇一三年の似たような報告も、確かにそうだと言う。このインドの医師団は、「このまれで興味深い症状を人間が他の動物に由来する、

「人間の尻尾」に関連する欠陥

欠陥　#欠陥のある患者数／患者数

脊椎奇形　29/59

脊髄瘤（脊柱の途中で脊髄がはみ出している）　8/29

二分脊椎症　21/29

脂肪腫　16/59

合指症（手足の指に水かきがある）　2/59

血管腫　1/59

口蓋裂　1/59

内反足　1/59

ファロー四徴症（心臓の欠陥）　1/59

あるいはそれと関連があることの証拠と考えてきた人々もいるが、それを迷信で解した人々もいる。この何十年かの進んだ画像技術によって、こうした患者についてさらに詳細な検査ができるようになり、磁気共鳴画像化あるいはコンピュータ断層撮影スキャンだけでなく、十全な神経学的履歴と検査を必要とする、そのような背骨の癒合不全との関連がさらに明らかになった。背骨の中に原因となるものがあるなら、診断の後、顕微鏡手術を行なって、損傷と神経的欠損を避けるべきだろう[36]」。

ここまでは尻尾のこと。

今度は尾骨のこと。

終端

尾骨、つまり尻尾の骨は、三つから五つの脊椎が通常は融合したものだ。それが、やはり合体した骨の集合である仙骨につながっている。尾骨と仙骨はともに骨盤を形成する骨の輪の一部で、たいていはそこにあるだけで、何の邪魔もしない。実は、自分の尾骨に気づくことがあるとすれば、不幸にして、お尻から落下したとき、あるいは女性なら出産のときに、それを骨折した場合しかない。極端な場合には、骨折が十分に治らないと、医師は尾骨切除、つまり腰帯に収まっている尾骨を外科手術で取り除くことを勧めることもある。

それでも、通常は静かでおとなしい尾骨も、痕跡となり退化していて、すなわち何の役にも立たないという説と争うときには拠って立つべき手近の足場になるかもしれない。人が立っているときに尾骨が体重を支えていないのは確かだが、座っているときには背筋を伸ばしておくための骨組として、どこから見ても有益な部分になっている。さらに、靭帯、腱、骨盤内器官や、よく知られている、歩いたり走ったりジャンプしたりスキップしたりするときに体を前に押し出すのを助ける最大の筋肉である大臀筋を支える助けとなる、骨盤を吊る筋肉（恥骨尾骨筋）などの重要な筋肉が付着する部位でもある。言い換えれば、無益ではない多くのことがあり、人間の存在は神ではなく進化によると考える人々さえ認めるように（ここではいささかの詩才を持っているなら）、

膝の骨は腿の骨につながり、
腿の骨は尻の骨につながり、
尻の骨は尻尾の骨につながる、
主の言葉を聞け！〔「エゼキエル書」37章に基づく霊歌〕

園芸、笑い話、尻尾のある人

アイデアを世の中に出すことは、池に石を投げ込むのに似ている。立てられた波がどこまで及ぶか決してわからない。ダーウィンの人間にない尻尾についての考察は、確かに、プロの世界から、一般の人々という、商売をする人々、宣伝をする人々がＰＲの金鉱を求めて採掘する世界へとあまねく広がった。

エドワード・ウィリアム・コール（一八三二〜一九一八）は、まず南アフリカ、その後メルボルン（豪）に移住し、人一倍その資源を開拓した。南半球でいくつも下働きをして、一八七三年、小さな書店を開くことにした。ダーウィンを読み、その中隔となる事実を人間は誰でも猿の子孫ということだと解釈して、一八七三年、『メルボルン・ヘラルド』紙で、「尻尾のある人間の種族の発見」と題した広告を書き、発表した。これは「才能があり観察力にすぐれた旅行者、トマス・ジョーンズ氏が、一八七一年一二月二四日にニューギニアの北東沿岸にあるエティフレテプという地元の村に船で着いたときのことを教えてくれた」話とされていた。もちろん、コールの広告が名声とお客を呼び寄せ、『コール版おかしな絵本』のような大衆向けの本のシリーズや（コールはこれがこの種の本でいちばん笑える本ではないことを証明できたら賞金一〇〇ポンド出すと言っていた）、もっと厚くてもっと詳しい他の人の本の簡略版と噂される『コール版安上がり園芸ガイド』のような園芸本で顧客は何倍にもなった。

一八八三年、コール・ブック・アーケードを開き、検証しようのない二〇〇万冊という本が並んでいて、入場料を払えば棚にある本を好きなだけ立ち読みでき、上階では午後になるとバンドが演奏することを謳った。これはその後、本人が特有の謙虚さで「世界最大の書店」と呼んだ、オーストラリアでも有数の書籍販売業となるものになった。疑問も残るがコールの成功は明らかで、ラディヤード・キプリングやマーク・トウェインのような作家が、近くにあれば立ち寄るのが習慣になるほどだった。一九一八年にコールが亡くなった後もブック・アーケードは人気の待ち合わせ場所だったが、一一年後の一九二九年に閉店した。[37、38]

第4章　耳の輪——耳介筋

「マルヴォーリオ――メアリー様、姫の御厚意を軽く扱うつもりがないなら、こういう不作法の手助けはしてはいけませんぞ。姫もお知りになりますよ。
マライア――行って耳でもお振りなさい」。

――ウィリアム・シェイクスピア『十二夜』第二幕第三場

「耳の外側を動かすのに使う外在筋と、それとは別のところを動かす内在筋は、人間では痕跡的な状態にあり、それはすべて組織層の系統に属しているが、発達の度合い、少なくとも機能の点でさまざまである。私は耳全体を前に向かって動かせる人を見たことがある。上に向かって動かせる人もいたし、後ろへ動かせる人も一人見たことがある。そうした人々の一人が教えてくれたことからすると、ほとんどの人はおそらく、しばしば耳に触れて関心を耳に向け、何度も試せば運動する力をいくらか回復できるだろう。耳殻をぴんと立てたりさまざまな方位へ向きを変えたりする力は、多くの動物にとって、それによって危険の方向を知覚できるので、疑いもなく大いに役に立つ。しかし私は、人にとっても役に立ちそうなこの能力を有する人について、十分な証拠に基づいた話を聞いたためしがない」。

――チャールズ・ダーウィン『人間の由来』

耳で息をする

プラクシテレスからピカソに至る彫刻家や画家は、人体の美しさを、女性の丸みのある腕や曲線を描く尻、男性の広い肩幅や筋骨たくましい脚で称えてきた。顔の形もしかるべく評価されるが、なかでもモナリザの、見る者が動くと追いかけてくる眼と、見事な謎めいた笑みを浮かべる口にかなうものはないだろう。

しかし、やはり美しくまた文句なく役に立つ貝殻の形をした人間の耳を称える人はいるだろうか。そんな人はほとんどいない——たぶん、古代エジプト人以外は。古代エジプトの人物画は棒のようだが、その美術は、耳を彫った模型や、耳盤という、呼びかける人間を象徴化した一つ、二つ、三つの耳の像で飾った石板あるいは木板など、神々と連絡するためのシンボルとして耳を称えていた。人間の耳とともに、しかるべき神々の像があった。いちばん多いのは職人と画家の神プタハの像、他に生命の父アモン、戦争（と出産）の神ホルス、トト（知恵と文字）、さらに以上すべての母、イシスの像もある。[1,2]

美術で最も有名な耳は彫像でも絵でもない。それは一八八八年一二月に切り取られたフィンセント・ファン・ゴッホの片方の耳で、ある娼館の娘に渡されたと言われ、翌月には、「包帯をしてパイプをくわえた自画像」と、「耳に包帯をした自画像、イーゼル、日本の版画」の二点の絵で記憶されることになる。[3] チャールズ・ダーウィンは文句なく非暴力的な人物だったとはいえ、どちらか選べと言われれば、おそらく、ファン・ゴッホと同じく、耳は要らないとする側にあっただろう。[4]

ダーウィンは人間の耳介、あるいは耳殻という、頭の両側にある、皮膚で覆われた、貝殻形の軟骨片のファンではなかったのだ。ダーウィンは、この外耳部分を不必要な付属物と考え、耳介筋という、耳介の内外周囲にある筋肉を役に立たないとし、したがって痕跡的と呼んだ。耳介については完全に間違いだった。耳介筋については半分正しかったかもしれない。ダーウィンがどのようにしてこの見解に達したかを理解するために、まずこんな単純な問いを考えてみよう。耳で呼吸できますか？　簡単に答えればノーだ。もうちょっと丁寧に答えれば、やはりノーだがただし書きがつく。

エルンスト・ヘッケルの胚発生の図（第2章）が示すように、胚発生の早い段階では人間も魚のように見える。尻尾のように見えるところだけではない。頭の側面に開いた、魚が呼吸に用いる鰓（えら）のような穴もそうだ。しかし胚から胎児に進むにつれて、この穴はたたみ込まれてエウスタキオ管という、喉と中耳をつなぐ管になり、開閉して耳の圧力を安定させ、突然の大きな音から耳を守るマフラーの役もし、分泌物や異物を中耳から排出する通り道ともなる。

これは三億七〇〇〇万年前の*Panderichthys*（パンデリクティス）という、私たちのごく初期の先祖の一つがとった解剖学的経路に沿っているらしい。略してパンデルと言っておくが、このパンデルは、初めて水中から陸上に出た（オレゴン大学の古生物学者で地質学者のグレッグ・レタラックの説では陸に戻った——第6章）動物と魚の中間にある種だ。パンデルは、鰓と丸い管のような耳骨の両方を持っていた。これがその後、陸上動物の耳に進化する。[5,6]私たち脊椎動物は、二つの目的に使える一対の器官を受け継いでいる。第一はもちろん、周囲の世界の音を聞く能力を増強すること。もう一つは音を聞きながら、直立している能力を管理しやすくすることで、この機能は内耳にある液体で満たされた管（三半規管）で維持される。人間が左右で一対の耳があることについては、ギリシア時代のストア派の哲学者、エピクテートス（西暦五五

〜一三五）が、「われわれは二つの耳と一つの口を持っている。しゃべる分の二倍聞けるように」と言っている。

音の聞き取り方

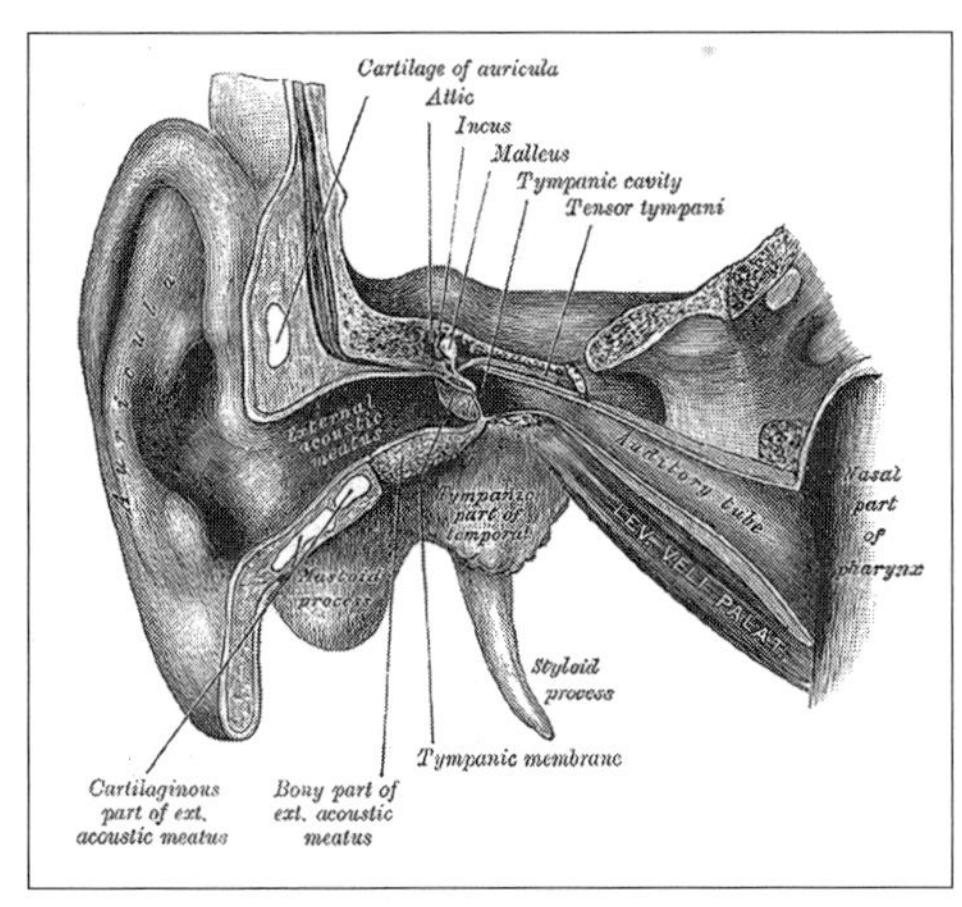

耳の三つの部分、グレイの解剖学

ジュリアス・シーザーが征服したガリアのように、[7]人間の耳も含めた哺乳類の耳は、外耳、中耳、内耳という三つの部分に分かれる。ダーウィンは外耳はあらずもがなと考えた。『人間の由来』にはこう書かれている。「外側の殻全体は、さまざまな畝や突出部（耳輪と対輪の渦巻、耳珠と対珠）を含め、痕跡と考えてよい。もっと下等な動物の場合はそこを強化して、あまり重さを増やさないでそれを強化し、支えているのだが」。

実際には全然そんなことはない。実は、耳介は音波を耳甲介、つまり前側にある耳珠という出っぱりと後ろ側にある対珠とでできる、少し形の整わない開口部に通す、効率的な設計の漏斗となっている。[8]耳殻の奥には、耳道という、長さ二・五センチほどの、皮膚と細い毛と、科

匂う耳＝匂う脇の下

耳あか、あるいは耳垢は、外耳道にある腺からの分泌物が混じったものだ。あなたの耳垢は湿ってる？　乾いてる？　黄褐色？　白っぽい？　匂う？　あまり匂わない？　フィラデルフィアのモネル化学物質感覚センターとペンシルヴェニア大学医学部の研究者は、こうした質問への答えから人種がわかるかもしれないと言う。「われわれの以前の研究は脇の下の匂いが個人について、出身、性別、性的指向、健康状態など、大量の情報を伝えうることを示している」と、モネル・センターのジョージ・プレティは言う。脇の下の汗と耳垢両方の匂いに関係するABCC11という遺伝子の変種を見つけたモネル・センターの人々は、さらに続けて八人の健康な白人男性と、同数の東アジア人の耳垢を調べた。物質そのものの匂いをかいだのではない。耳垢のサンプルを集め、そのサンプルをガラス容器で加熱し、有機化合物を温め、蒸気を放出させて、ガスクロマトグラフィ質量分析器（各種の蒸気を分離する試験装置）を使って耳垢にある化合物を特定した。すべての耳垢には一二種類の有機物質が特定されたが、白人男性は東アジア人よりも高濃度で、これは耳垢の匂いが強い理由を説明する。これは重要なことだ。プレティは言う。「耳垢の匂いで、人が食べたものや、いたところがわかるかもしれない。耳垢は情報源としての可能性がまだ探られていない、見落とされた分泌物である」。女性の耳垢の固さが乳がんのリスクを予測するかも、という説は、ブレディが調べる必要はもうないだろう。この説は数年前、日本での研究から生まれて女性誌に広まったが、再現はされず、二〇一一年、オーストラリアでの三五九八人の白人女性を調べた結果からは、耳垢の遺伝子と乳がんのリス

クとの間の「関連を示す証拠はない」とされた。やれやれ。[9、10、11]

学用語で耳垢（じこう）という耳あかの元になる物質を分泌する腺が並ぶ管のような構造がある。

耳道はティンパヌム、つまり鼓膜（イヤー・ドラムともいう）と呼ばれる膜に至る。ラテン語の*tympanum*（ティンパヌム）やギリシア語の*tympanon*（テュンパノン）は「太鼓（ドラム）」を意味する言葉だからだ。音波が耳珠と耳道に入ると、鼓膜は耳内部の圧力を調節して、私たちが振動を言葉や音楽や無意味な雑音として理解する能力を音波のエネルギーがかき消してしまわないように波を抑える。

鼓膜の裏が中耳で、エウスタキオ管を鼻腔につなぐ、鼓室と呼ばれる空洞がある。この連結によって、中耳と喉の圧力を等しくすることができる。飛行機の離着陸の際、ゆらぐ空気圧が耳をふさいだときに鼻をつまんで息を吐いて期待するあれだ。鼓室は三つの小骨、形を表すラテン語の名で*malleus*（マレウス）、*incus*（インクス）、*stapes*（スタペス）、つまり、それぞれ槌（つち）骨、砧（きぬた）骨、鐙（あぶみ）骨を支えている。この三つの骨は協働する。槌骨は砧骨を押し、これが鐙骨を押すと、振動が楕円型の窓、*cochlea*（コクレア）、つまり蝸牛（かたつむり）の殻のように渦巻く管を覆う小さな膜に伝える（ギリシア語の*cochlos*（コクロス）がカタツムリを意味する）。蝸牛の中にはコルチ器官がある。これによって私たちは音波のエネルギーを、言葉や音楽や、鍵で解錠するかすかなカチリという音や、キッチンの床にお気に入りのガラス鉢が落ちる大きな音などと解釈し特定できるようになる。

三つの耳小骨を二つの筋肉が動かす。一つは鼓膜張筋といい、耳道から鼓膜に伸びている。大きな音——あるいはものを噛むときに自分の歯どうしがぶつかる音——を聞くときは、この筋肉は鼓膜をぴんと張り、内耳まで届く音を弱める。ＰＥＴスキャナーなど、現代の画像技術は、食べ物について考えるだけでも脳のどこかが光ることがあるように、鼓膜張筋が実際に大きな音について考えただけでも収縮するのを示せる。中耳にある第二の筋肉、鐙骨筋は、体全体の中でも最小の筋肉で、それは耳小骨を動かし、ときには動作がすぎて、高音のかちかちという音を生むこともある。他方、ベル麻痺という一種の顔面麻痺の人にあるように、鐙骨が動かないと、片方あるいは両方の耳での大きな音の知覚を変えることがある。[12、13]

私たちの発生初期の鰓のような構造物の元になった魚類には耳がないが、頭と胴体には、水圧の変化を感知する有毛細胞が並んだ溝があり、あちらこちらへと泳いで逆流にもぶつからず、またもっと重要なこととして、大型の敵かもしれない魚にもぶつからないで泳げるようにしている。私たちにも同様に内耳の半円形の通路にある神経細胞が液体の動きを感じてジャイロスコープのように動作し、頭を上下左右に動かしている間もバランスを保てるようにする。

音波のエネルギーが耳珠からコルチ器官まで進むのをたどったところで、今度はダーウィンの標的、外耳へ移ろう。

耳介を描いてみると

外耳で最も目立つ特徴は形で、これは耳輪、つまり固い軟骨質の縁で決まる。耳輪のてっぺんから下へ三分の一ほどいったところに、「ダーウィン結節」〔耳介結節〕あるいは「ダーウィン先端(ポイント)」と呼ばれる厚くなった部分がある人がいる。この結節は類人猿には一般的だ。人類の場合は人により、研究では、スペインの成人一〇人に一人、インドの成人四人に一人、スウェーデンの生徒一〇人に六人近くにあることがわかっている。片耳だけに現れることも両方に現れることもある。家系に伝わるものもあればそ

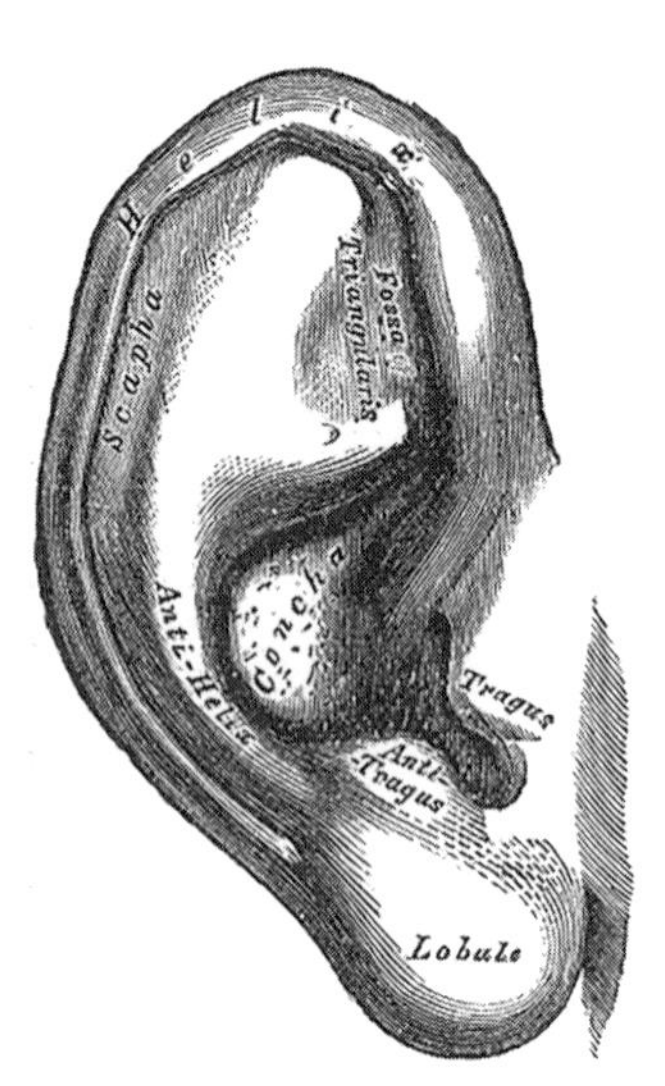

外耳、20世紀版グレイ解剖学（1918）

うでないものもある。特定の遺伝子に関連するものもあればそうでないものもある。二六四組の双子の調査では、双子の一方に両耳あるいは片耳に結節があり、もう一方にはない場合が二六組あった。しかし明確なことが一つ。ダーウィン結節は明らかに女性よりも男性に広まっている。[14]

ダーウィン自身はこの隆起をウルナーチップと呼んだ。イギリスの彫刻家、トマス・ウルナーを称えてのことだった。『人間の由来』には、ウルナーが「男性、女性両方に見られ、自身でその意味をきちんと認識した、外耳の小さな変わった点について私に教えてくれた」と書かれている。さらに、「その変わったところとは、内側に折り込まれた外殻、つまり耳輪から突き出ている小さな鈍い突起のことである。ウルナー氏はそのような事例について正確な模型を造り、それを私に図を添えて送ってくれた。こうした突起は、耳の内側に突き出るだけでなく、しばしば顔の少し外側に突き出るので、頭を真正面あるいは真後ろから見ると見えることがある。大きさはさまざまで、位置も少しばらつきがあり、他より少し高かったり低かったりするし、片耳だけにできてもう一方にはないこともある。今やこの突起の意味に疑わしいところはないと私は思う。それが提示する特徴はささやかすぎて認識に値するほどではないと考えられるかもしれないが、しかしこの考えは、自然ではあっても間違っている。どんな形質でも、それがいかにささいなことであれ、何らかの明瞭な原因の結果であり、それが多くの個体に生じるなら、考察に値する。耳輪は明らかに、内側に折り込まれた耳の外縁でできている。この折り込まれた部分は、何らかの形で、耳の外側全体が恒常的に後ろに押されていることに関係しているように見える[15,16]」。

耳輪の最下端には耳朶(じだ)、つまり耳たぶがある。耳の外側ではここだけに軟骨がなく、そのため柔らかくふにゃふにゃしている。ダーウィンは「人間の耳だけに耳たぶがあるが、その痕跡がゴリラに見られる」と書いた。それからダーウィンは、ウィリアム・ティエリー・プライエルというイギリス生まれのイエナ大学(独)生理学研究所長で、プライエル反射(動物が突然の大きな音に反応して耳をぴくりと立てること)に名がついた人物の言葉を引用して、うっかり一九世紀科学の人種差別に足を突っ込んでしまう。「……プライエル教授から聞いたところでは、黒人にはない場合が多い[17]」。

私たちのほとんどは「自由な」、つまり頭の側面から離れてぶら下がる耳たぶを持っている。なかには頭の側面につながり、「付着した」耳たぶの人もいる。つながっているような離れているような、中間の耳たぶがある人もずっと少ないがいる。この三種類はすべて遺伝的に決まっていて、代々伝わっていることがあるが、この形質は複数の遺伝子に支配されているので、親にあるものが子にはないこともある。耳たぶについてはあだやおろそかではない多数の研究があるが、耳たぶの遺伝の意義についての結論はまちまちだ。最初に表れた一九二二年の二つの研究は、一方は『遺伝(ヘレディタス)』誌、もう一つは『帰納的起源・遺伝学誌』に掲載され、どちらも、付着型の耳たぶは顕性の性質であることを説く結論になっている[18]。一五年後の一九三七年、別の研究者が異なる結論に達し、今度は付着型の耳たぶは潜性の形質であると説いた。同じ年には第三の研究者グループが断言できないとして、耳たぶを「明瞭に分かれる二つのタイプに恣意的に分類することは……両極端の中間にあらゆる濃淡が見られる以上、誤った構図をもたらす[19]」と言った。

一九六六年、インドの研究者グループが、耳たぶの状態は一つの顕性遺伝子や一つの潜性遺伝子に支配されるのではなく、いくつかの遺伝子群によると唱えた。子どもの耳たぶが親の耳たぶと合致しないことがある理由の説明のしかたとしては筋が通る。[20] さらに三〇年以上たって、「集団の分散を調べるための非常に重要な道具」と自ら呼んだものにまだ注目していた元のチームの面々が、男女ともに付着型の耳たぶより自由型の耳たぶの方が一般的であることを示すデータを発表した。[21] 今もなお、自由型の方が付着型よりもふつうで、男では自由型が多く、複数の遺伝子によるらしく、耳の下端にしかるべく収まっているかぎり、問題はないというのが定説となっている。

もちろん、人間の外耳にときどき生じる変わった特徴は、耳たぶの状態だけではない。不完全な、あるいは異常に小さい耳殻、ギリシア語で小さいを意味する「*micros*（ミクロス）」に、語末につけられる「症状」を意味する「*ia*（イア）」をつけた「*microsia*（ミクロシア）」と呼ばれる症状を持って生まれる場合がある。逆に、俳優のウィル・スミス、バラク・オバマ、チャールズ・イギリス皇太子のように、ふつうより大きな耳で生まれる、ミクロシアとは語源的に正反対のマクロシアと呼ばれる症状の人もいる。非常に例外的な少数例では、不完全な外耳、あるいはそれがまったくない場合（「〜なしに」を意味するギリシア語「*an*（アン）」による「アノシア」）もある。人の耳はカップのようなこともあれば、ウサギの耳のように上が曲がっているものもある。後者は「ロップイヤー」と呼ばれる。オランダ生まれのウサギの品種「ホランド・ロップ」に由来する。

頭の側面というより頬についていることもあるし（ギリシア語で頬を意味する「*melon*（メロン）」により「*melotia*（メロティア）（頬耳症）」と言う）、見馴れているラインよりも頭の下の方にあって、一八トリソミー（一八番染色体が三本ある異常）あるいはエドワーズ症候群と呼ばれる染色体異常による欠陥のせいの場合もある。[22,23] 耳の上端が尖っていることもある。

尖った耳の動物といえば、ミナミチスイコウモリ（*Desmodus rotundus*）、ジャコウネコ、レッサーパンダ、カワイノシシ、それに多くの猿もいて、これについてはダーウィンが、耳の上側が「わずかに尖っていて……動物園［ロンドン動物園］にあるケナガクモザルの標本で実際に観察できる。これはときどき人間にも復活する同様の構造――かつては尖った耳だった名残――であるとしても差し支えないだろう」と書いている。[24,25] 医者はこれを「エルフ耳」と呼ぶ。スタール耳という先天的形成異常の一つの別名で、子どもが子宮にいるときに耳介筋によって耳に及ぼされる圧力に関係するのではないかという。[26] この変形は外科手術で治せるが、エルフのような妖精ジャック・フロストのおなじみのイメージにある耳に似ている。

尻尾と同じく、尖った耳も、ギリシア神話のパンの頃から人間の神話や呪術の世界に登場する。パンの最も目立つ特色は下半身（山羊）と角だが、これを描いた絵にはミスター・スポックなみの耳も描かれている。そのスポックについて言えば、その耳は有名で、一九八〇年代の初めの多くの『スター・トレック』ファンが自分の耳を医師ではない「身体改造屋」に委ねて、耳輪のてっぺんの軟骨を切り、それを後ろの方で縫い合わせて尖らせてもらうほどだった。美容整形医は、この処置はリスクが大きく、ピアスで開ける穴とは違い、元に戻せないと言う。

しかし健全な耳の形はそれがぶらさがる本人以外にとって、本当に重要なのだろうか。もしかしたらそうかもしれない——ただし、思われていそうな意味とは違うかもしれない。

他の身体的特徴と同じく、耳はときどき、人柄の手がかりと見なされてきた。一九〇〇年、オックスフォード大学のメアリー・アン・エリスは『人間の耳——その識別と人相学』という本を出版した。エリスは当時人気の「科学」、頭のでこぼこに基づいて性格を予想する骨相学のファンだったらしい。その序文には「以下の章には人間の耳の姿を分類する方法が書かれている。それによって鑑定の目的で参照できるようにし、実行しやすくもなる。耳の輪郭の形を細かく分類することによって、『非犯罪者』の間での鑑定の価値も明らかになる。耳の形で示される遺伝の問題は、いくつかの家系の構成員の実物の型で例証される。これまでこの分野を調べた人はいない。耳に関して、古今の著者の一次資料によって簡潔に述べ、その方向の仮の試みの落としどころの分析となる……耳の形の特異性とその人相学での重要な位置に関する系統的な科学研究は、これまで、ごく最近の犯罪者の耳のみの検査以外にはなかった。『非犯罪者』の中での各区分の人々の方が、区別しやすいよく発達した耳を持っている。耳の実物の型どりは私が考案した。現物の正確な大きさと形を持った恒久的な類型を得る目的によるもので、それによって耳を比較検討することができる。図解は一様に縮小しており、比率は変えていない。M・A・E、オックスフォードにて、一九〇〇年[27]」

サウサンプトン大学（英）電子工学計算機学研究科の計算機科学者、マーク・ニクソンは、さらに実用的な二一世紀の説を立てている。画像光線変換（イメージ・レイ・トランスフォーム）と呼ばれる現代的技術で、耳は指紋よりも効果的な認証ツールになるかもしれないと考えている。その仕組みはこうだ。光線を耳にあてて光の反射のしかたを捉えた画像を何千と作る。プログラムで反射を分析し、その結果を、何百万もある中の一つとしてその耳を分類するための数値に変換する。ニクソンは二五〇人で試して耳と持ち主を九九・六パーセントの正確さで対応させた。もちろん一〇〇パーセント完璧ということはない。子宮で刻み込まれ、死んだ後さえ変化しない指紋とは違い、耳は他の人体の部分と同様、成長するにつれて形を変え、毎年〇・二ミリずつ大きくなり、最終的には七〇歳以上の女性で平均して七二ミリ、同じ年代の男性で七八ミリになる。[28] つまり、二〇歳のときに撮られた画像は六〇歳のときの識別には使えないかもしれない。それでも、未来の刑事が「耳を見せてください」と言っても驚かないようにしよう。[29]

筋肉力学

人体には六〇〇以上の筋肉があり、そのうち九つは耳介筋だ。[30] 耳介の内側の筋肉は内在筋と呼ばれ、外側にあるのは外在筋と呼ばれる。内在筋は顔で表情を作れるようにする筋肉群の端点となり、その仕事は耳珠などの外耳の小さな部品を動かすことだ。外在筋は外耳そのものを動かすようにできている。

動物の耳の筋肉は人間よりずっと数が多い。たとえば馬には一〇の外在耳介筋と、六つの内在耳介筋があり、馬はそのすべてを動かして、感情を表したり、音を聞き取って特定する能力を強化したりする。通常、馬の耳の筋肉は緩んでいて、したがって耳も弛緩しているが、気になる音があると、馬は耳を前後に動かして音を捉えるし、馬が怖がっているときは耳を寝かせて頭に押しつける。これに対して人間は、外側に三つしか筋肉がない。耳を上に上げるための上耳介筋、前方の前に引くための前耳介筋、それから後耳介筋という、その名のとおりの、耳の後縁にあって、後ろに引く筋肉だ。内側には大耳輪筋、小耳輪筋、耳珠筋、対珠筋、耳介横筋、耳介斜筋がある。以上の筋肉がすべて馬の一六の筋肉あるいは猫の耳を動かす驚きの三二の筋肉群と同じように働いたら、外側の三つと内側の六つで十分に耳の向きを意のままに変えることができるはずだ。

しかしそうはなっていないので、人間には動かせない。動かせないのは人間だけではない。ロンドン動物園の前身、動物学庭園（ゾーオロジカル・ガーデンズ）の管理員は、人間に最も近い親戚のチンパンジーやオランウータンも耳を動かせないことをダーウィンに請け合った。ダーウィンはこう書いている。「樹上生活と体力のおかげで、この類人猿はほとんど危険にさらされず、長い間耳をほとんど動かすこともなく、そうして徐々に耳を動かす能力を失ったということかもしれない。大型の重い鳥にも同様のことが言えるだろう。こちらは大海の島に住むものなどで、捕食性の動物に襲われることがなく、そのため飛ぶための翼を使う力を失っている[31]」。

それは興味深いが、現代科学はもっと正確な神経生理学的説明を得ている。ロッテルダムにあるエラスムス医療センターの研究員、バスティアーン・クーン・テル・メーレンによれば、「耳の動きの背後にある仕組みは精巧である」。人間の耳の外在筋と人間に最も近い類人猿の同様の筋肉は、脳幹の特定の領域で制御されていて、同研究員は「動物、とくにコウモリや猫と比べ、人間のこの筋肉はかなり小さい」と言う（余談だが、このテル・メーレンは、耳が無意識に反復して動く女性の脳波を、本人が無意識のときに初めて脳波計による計測を行なっていて、眼を動かす筋肉の一つがわずかに耳を動かすことをつきとめた。そのため、一方の側を見るときは、耳が少し後ろへ引かれるとテル・メーレンは説明する[32]）。

人間の耳の筋肉とほとんどの非霊長類動物の耳の筋肉の違いをふまえると、ダーウィンが耳介筋を価値がないものとしたのは、耳介そのものを否定したというよりは堅固な根拠に基づいていた。しかしダーウィンがいずれも痕跡だと断じたことは、耳の形そのものが、内在筋と外在筋が組織のどこに収まるかに強く影響されるという理由だけからしても、飛躍しすぎだった。

人間のほとんどには自分の耳を意のままに、少なくとも相当の本格的努力と訓練なしには動かせないのは確かだが、ダーウィン自身が、「役に立たない」耳の筋肉でこの類の動きを行なえる友人を見て、練習すれば他の人でも同様のことができるのではないかと認めたのも確かだ。ダーウィンが、人間には、音源を特定するために耳を動かすコウモリや猫や馬や犬のようには耳を回せないことは、「［人間が］頭を水平面で回して遠くからの音を捉えることができるので埋め合わされる」と言ったのは正しかった。しかし現代の研究と、避けられないただの事例報告も合わせると、人間のうち二〇パーセント、五人に一人は実は生まれつき耳が動かせるらしい。[33] この特権的なグループには、故レナード・ニモイ、ショーン・コネリー、スティーヴン・コルバート、人間とは言えないが、セサミストリートのエルモなどがいて、みな、人によって、人間には難しい筋肉の他の操作もできる。舌で鼻や顎に触ったり、片方の眉を上げたり（これもニモイ）、『奥様は魔女』のエリザベス・モンゴメリーのように鼻をぴくぴくっとさせたり、舌を丸めて管状にしたり、自分で自分をくすぐったり、眼を開けたまままくしゃみをしたりする。さらに自分の肘を舌で舐められるという人もいるが、ギネスブックのアメリカ記録管理チームは、それはそんなに難しくないと言っている。[34] 要するに、生まれつき耳を動かせる人もいるし、教えてもらってできる人もいるし、できそうにない人もいる。耳動症という痙攣のような筋肉の障害は、ボトックス注射で治せる不随意耳運動をもたらす。[35]

耳介筋の重要性についてのしめくくりの一言は、卒中や顔面麻痺から回復しつつある患者を診ている神経科医にお願いしてみようか。耳を動かすには複数の筋肉の複雑な協働が必要なので、どうすればこうなるかについてもっと知れば、ベル麻痺のような顔面筋肉の障害をもっと理解できるようになるかもしれない。さらによいことに、一部の人々が耳の筋肉を制御する様子がもっとわかれば、体の主要な制御中枢、つまり脳についてもわかることがあるかもしれない。ジェローム・J・ミラーは、メルボルン（豪）のアルフレッド・アンド・モナシュ大学中央臨床研究科のモナシュ・アルフレッド精神科研究センターに置かれる国立トラウマ研究所の研究員だ。二〇一四年、『医学の仮説（メディカル・ハイポセシーズ）』という学術誌で論文を発表し、その中心的な説をこうまとめている。「研究から明らかになったのは、反復作業よりも高次の認知処理の活性化の方が回復が大きく、神経可塑性によるものらしいということである。すなわち、神経可塑性は課題の複雑さに促される。耳を動かすのは人類ではあまりない技能だが、脳に損傷を受けた後の高度な回復を活性化し、促進するかもしれない。新しい課題を学習するという認知の複雑さが高まることで、新しい運動課題を学習する際の可塑性や、その課題を学習する際の認知的複雑さの役割を見通せるかもしれない。本稿は多くの人々では眠っている白質の経路（耳を動かすことに関連するもののような）に関係する仮説に注目する。こうした経路が電気的磁気的刺激あるいは高次の思考によって起動できて、意識的に制御可能になるとしたら、眠っている複雑な技能の活性化は脳の損傷を受けた経路の再成長あるいは修復を助けることもありうる。唱えられる仮説には、さらに幅広く、耳を動かすことがＴＢＩ（外傷性脳損傷）や卒中の患者が神経可塑性の過程を介して回復増進に使えるかもしれないという可能性もある」[36]。

そういうことを想像してみよう。今まで私たちの外在耳介筋はパーティの小ネタ以外に使い道がないように見えたかもしれないが、この、重大な医学的価値の新たな可能性からすると、人類全体に影響する例外的な大突然変異がなくても、この筋肉はすぐになくなりそうにない。

チャールズ・ダーウィンは馬鹿ではなかったし、新しい証拠を取り入れることにやぶさかではなかった。自然淘汰説に誰が最初に達したかに関する、リチャード・オーウェンの数々の不愉快を穏やかに礼儀正しく遇したことを思い出すと（第5章）、ダーウィンが今ここにいて、誰かがミラーの論文を渡したら、ダーウィンはこう言うと予想してもいいだろう。「前に私が全然役に立たないと思った筋肉にとってはうれしいことだ」。

第5章　ぱちり——第三の瞼

「猫の眼の奥を見つめると、精霊の世界を覗き込むことができるだろう」

——イギリスの言い伝え

「付随する筋肉などの構造物を伴う瞬膜、つまり第三の瞼(まぶた)は、とくに鳥類に発達していて、鳥にとっては瞬膜はすばやく引き出せて眼球全体を覆うことができるので、機能的にも大いに重要である。これは多くの爬虫類や両生類にも見られ、サメなどの一部の魚類にもある。哺乳類の系統では、下等な方にある二つの区分、つまり単孔類と有袋類と、もう少し高等なところではセイウチなどのいくつかの哺乳類でよく発達している。しかし人間や四手類を含め大半の哺乳類には、すべての解剖学者が認めるように、半月ひだと呼ばれる痕跡としてしか存在しない」。

——チャールズ・ダーウィン『人間の由来』

リチャード・オーウェンが書いたこと

リチャード・オーウェン(一八〇四〜一八九二)は好ましい人物ではなかった。誰の話からしても、好ましい子どもでもなかった。グラマースクール〔中等学校〕では、教師はオーウェンのことを怠惰で生意気と言っていた。長じてからは、うぬぼれが強く、傲慢で、嫉妬深く、執念深いと言われた。[1] しかし好ましくないからといって、頭が悪いということにはならず、オーウェンは確かに頭は悪くなかった。一八二四年、エディンバラ大学医学部に二〇歳で入学すると、ありきたりの解剖学の授業をつまらないといって馬鹿にして、傑出した解剖学者のジョン・バークレーによる学外の講義を取った。オーウェンと、後のチャールズ・ダーウィンは二人ともこの学外講義で学び、その後は比較解剖学について学んだ。[2]

エディンバラを出ると、すぐにロンドンの王立外科医師会ハンター博物館に助手として就職した。同館が所蔵する一万三〇〇〇点以上の人間や動物の解剖学的標本の一つ一つを分類し、ラベルを貼り、カタログに載せるのが仕事だった。この仕事はまもなく片づき、オーウェンは博物館の講師に昇進して、ビクトリア朝の王族や、ガラパゴス諸島を旅して帰国したばかりで、オーウェンが今まさに調査しつつある脊椎動物の化石をもたらしたダーウィンなどの著名人に対して講義をした。

しかしオーウェンが本当の名声を得るようになったのは、一八五六年に大英博物館の職員となり、自然史収集品管理官の職に就いたときからだった。その収集品は、別のふさわしいところに置いた方がよいと思われていたものだった。[3] 幸運な歴史の紆余曲折で、オーウェンが同博物館に着任したとき、アントニオ・パニッツィが付属図書館主任司書に任命された。パニッツィは科学一般、とくに自然史が嫌いで、オーウェンの科学展示物を別の場所に移動するという案を熱心に支持した。[4] それによって一八七三年、必要な交渉を経て、大英博物館の新館を設計するコンペには、フランシス・フォークという、ロイヤル・アルバート・ホールやビクトリア・アンド・アルバート博物館の一部などを設計した建築家が優勝し、こうしてサウス・ケンジントンで工事が始まった。大英博物館自然史分館は一八八一年に開館し、さらに八二年後には独立して、ビクトリア・アンド・アルバート博物館からエキシビション・ロードを隔てたところにあるロンドン自然史博物館となった。[5]

オーウェンは、当時の人種差別を支持していたが、[6] まじめな科学者だった。ギリシア語で「恐ろしい」と「トカゲ」を意味する*deinos*（ディノス）と*sauros*（サウロス）を組み合わせて*dinosaur*（ダイナソー）〔恐竜〕という言葉を造語した。初めて「相同」という、いろいろな動物のさまざまな部分、たとえば猫の手と人間の手、あるいはコウモリの翼と人間の腕、バッタの脚と人間の脚等々の構造的類似を特定し、記述した。

オーウェンはプラトンのように、すべての脊椎動物それぞれの元型が収められた設計図の一式があると信じていた。その設計図は、魚、マウス、ライオン、人間など、個々の具体的個体すべての個々の基本的形質すべてを定めているという。しかしプラトンの元型は、たどりつけない完璧さの、どちらかといえば霊的領域に存在するものだった。オーウェンは自分の元型を、ありうるすべての変化を見ることができる神の精神での見え方と定義した。

その後、その見方は変わった。あるいは尖鋭化した。

一八六〇年、オーウェンは『エディンバラ・レビュー』誌で、『種の起源』の痛烈な批判を発表した。その目的は、ダーウィンの自然淘汰による進化論を打倒することだった。もっともなことだ。しかしまもなく、一連の驚くほどの変転を通じて、オーウェンは結局、自分で「生物の定められた生成の継続的動作」の理論と呼ぶもの——それについて聞いたり読んだりした人はみな、むしろよくわからなくなるような言い回し——を考えていたと主張するに至った。自然淘汰という言葉がダーウィンの知力ある脳に浮かび、口から出るよりも一〇年前のことだという。[7]

でもそうは言えない。少なくとも誰もがオーウェンが言い出したことを聞いていたかどうかはそれほど明らかではない。他方オーウェンは、ある重要な一番乗りを正当に主張することはできた。『脊椎動物の解剖学』（一八六六）で、初めて「瞬膜」について言及したのだ。これはダーウィンの『人間の由来』より五年前のことだった。[8]そしてその顚末は、二人の人物の興味深い比較となる。

オーウェンは好ましい人柄ではなかったとしたら、ダーウィンは正反対だったらしい。安定して穏やかな人物で、「こつこつやる」とも言われる。各説、各事実を完全に調べてから次へ進むということだ。温かく慈愛のある父親にして家庭人でもあった。ビクトリア時代のイギリスでは、子どもは家庭教師に預けられ、父親は一般に距離を置いているものだったが、ダーウィンの六人の息子と四人の娘の間には温かく、情愛の深い関係があった。娘の一人は後に「子どもたち全員にとって、父がいちばんの遊び相手で、いちばんにわかってくれる人でした……父は私たちの学業や関心に心を配り、私たちとともに暮らしました。そういう父親はなかなかいませんでした。私たちの中にある最善のものはいずれも父の存在に照らされて浮かび上がりました」[9]。

ダーウィンは絶えずつきまとう難しい批判の相手もした。

自伝には、オーウェンの憎悪は『種の起源』の出版後に開花したと書いている。「私たちの間に論争のたねがあったからではなく、私に判断できるかぎりでは、この本の成功を妬(ねた)んでのことだった」。それにもかかわらず、『人間の由来』は、オーウェンの『脊椎動物の解剖学』から、自著の全体にわたり第三の瞼に関する見解を含め数々の引用をしたことについて、謝辞をふんだんに、また正確に述べている。『人間の由来』の該当項目にはこう書かれている。「付随する筋肉などの構造物を伴う瞬膜、つまり第三の瞼は、とくに鳥類に発達していて、瞬膜はすばやく引き出せて眼球全体を覆うことができるので、機能的にも大いに重要である。これは多くの爬虫類や両生類にも見られ、サメなど一部の魚類にもある。哺乳類の系統では、下等な方にある二つの区分、つまり単孔類[10]と有袋類と、もう少し高等なところではセイウチなどのいくつかの哺乳類でよく発達している。しかし人間や四手類[11]を含め大半の哺乳類には、すべての解剖学者が認めるように、半月ひだと呼ばれる痕跡としてしか存在しない[12]」〔この註12はダーウィン自身がこの部分につけた註で、そこにオーウェンが挙がっている〕。

ダーウィンの鷹揚も、オーウェンにはまったく何の影響も及ぼさず、和らぐこともなく、好ましくなかった。これは惜しいことだった。オーウェンとダーウィンが動物の観察の点ではともに正しく、人間の眼についてはともに全然正しくなかったからだ。

瞼ごしに見る

犬には主人がいるが、猫には召使いがいる。猫に仕える人なら誰でも知っているとおり、猫の瞬（またた）きは愛情表現、あるいは人が猫を見下ろしている場合には、服従を表す[13]。私たちも瞬くが、それほど効率的ではない。猫には三つの完全な瞼があるのに対して、人間には二つと、それよりずっと小さい第三の瞼しかないからだ。私たちに猫や犬やラクダやホッキョクグマやアザラシや、それからツチブタのような眼があったら、「涙の出ない」シャンプーを売る会社は商売あがったりだろう。そうした動物にあって私たちにないのは、瞬膜だ（*nicitating membrane*（ニクティテイティング・メンブレン）、ラテン語の動詞*nictare*（ニクターレ）は「瞬きする」を意味する[14]）。

この第三の瞼は結膜（粘液を分泌する）で覆われた薄い組織からなる透明なひだで、眼の表面と上下する瞼の間にある。半透明の瞼と同様、この第三の瞼には腺や、液体が眼に放出される小さな管がある。一部の動物については、この管は眼を潤す涙の全体の半分をも分泌することがあり、それを、体表のどこにでも自然に存在する常在菌に対する防御作用がある、やはり自然に存在する物質とともに放出する。瞬膜があるときは、眼の鼻側から水平にスライドして、視覚を邪魔することなく眼全体を覆う。これによって、カエルなどの両生類や、トドなどの潜水する動物は、水中でも陸上にいるときと同じように明瞭に見ることができる。空中では、第三の瞼は、フクロウやハヤブサが数十メートル先からでも移動するネズミを特定できる鋭い視覚を確保しつつ、急降下するときに浮遊するごみが眼にあたるのを防いでいる。陸上での第三の瞼は、キツツキが嘴(くちばし)で木を叩くとき、網膜の衝撃を和らげたり、ラクダの眼に砂が入らないようにしたり、ホッキョクグマの眼では紫外線をカットして雪盲(せつもう)の危険を減らす。[15、16、17]

動物の中には瞬膜の動きを意図して制御できるものもいる。しかし人の枕で丸くなる猫や、散歩に連れていけと吠える犬はどうか。さほどではない。犬猫の瞬膜はたとえばワシのものより筋肉は少ないからだ。その結果、飼い犬や飼い猫はなかなか第三の瞼を見せてくれない。眼に息を吹きかけて無理矢理開けさせるか、獣医が診療のために瞼をめくりでもしなければ。二〇世紀初頭には、第三の瞼を切除して猫を診察しやすくすることを推奨する獣医もいた。アメリカ獣医眼科学会(ACVO)の専門医、ポール・E・ミラーは、下手な考えだと言う。第三の瞼を失うこと――けがや悪性の腫瘍の治療で――は、チェリーアイと呼ばれる慢性の角膜炎で瞼そのものの腫れや炎症を起こすことも多い。実は、瞬膜は重要であり、一般的でもあって、実際に問わなければならないのは、「『猫［や犬］はなぜ第三の瞼を持っているか』ではなく、『なぜ人にはないのか』である」と、ミラーは言う。[18]

実は、人間にもそれはある。結膜半月ひだと呼ばれ、瞬膜と同様、確かに貴重だ。

見えているとおりのものではない

私たちの眼が魂への窓だとすれば、瞼は内なる自分を秘密にしておくために意のままに開閉できるカーテンだ。それほど詩的ではないが、私たちの瞼は単なる非常に薄い皮膚で、睫（まつげ）とともに、眼を塵など浮遊物から守っているが、主としては眼の湿り気を保つためにある。

瞼の最上層は体の中でも最も薄い皮膚で、厚さは〇・〇五ミリ、これは足の裏を保護する皮膚の三〇分の一という薄さだ。その下には眼窩（がんか）中隔という、眼窩脂肪体にかぶさる膜と、上瞼を上下させる三つの筋肉（上眼瞼挙筋、眼瞼挙筋腱膜、眼窩筋）がある。その次に、瞼板（けんばん）という、瞼に外形と強度をもたらす緊密に織られた結合組織がある。この内部には、睫が生える毛嚢が並び、マイボーム腺とか眼瞼腺とも呼ばれる皮脂腺があり、脂質を分泌し、これが水のような液体と混じって、眼の上にある涙腺から、瞼にある細かい管を通って眼の表面へ流れる。上瞼には四つの神経――滑車下神経、滑車上神経、眼窩上神経、涙腺神経――があり、それぞれ温度や触覚などの感覚信号を送っている。下瞼は顔全体に感覚を送る三叉神経の分岐で動作する。血液は、細動脈（頸動脈の小さな枝）から上下の瞼の、さらに細かい毛細血管へと流れ、酸素や栄養分が瞼の組織に送られ、老廃物が除去される。最後に、眼瞼結膜という、瞼の裏側に貼り付いて、白眼の部分を覆うすべすべした膜がある。

覆われていない人間の眼

瞼が瞼になる様子については専門家の見解はプラスマイナス何日かの差があるが、一般的には、受胎から何週、何か月で以下のように進む。

受胎から三週経過　処理を開始するために、ＰＡＸ６という遺伝子が皮膚や結合組織を構成する上皮細胞に、眼の構築を開始するよう伝える。

四週　眼胞と呼ばれる二つの小さなくぼみ、液体で満たされた小さな袋が発達中の脳の前面の両側に一つずつできる。この眼胞はいずれ眼杯、つまり網膜、虹彩、毛様体（筋肉と房水と呼ばれる濃い透明の液体を分泌する細胞）を保持する枠となる。

五週　眼のレンズが眼杯の前面にでき始める。

七〜八週　眼が眼らしくなる。上下のごく小さなひだが瞼の最初の徴候となる。間充組織、つまり体内の組織や器官をつなぎ、支え、まとめ、分離する結合組織の胎児にある形のものが発達するとともに、このひだが伸びて成長する。

九週　これまで分離していた瞼が端で融合して、瞼板（緊密な結合組織）や睫が生える毛嚢のような内側の構造物の形成が可能になる。

一二〜一八週　瞼を動かす筋肉、マイボーム腺、瞼板、睫の毛嚢、眼を支持して瞼を満たす脂肪体、ならびに血液を眼に流す血管の接続が姿を現し、成長を始める。

二〇週　瞼が分離し、開いた眼が超音波画像にはっきり見られるようになる。

二二週　睫が毛嚢からのぞき始める。
二四週　瞼板と瞼板腺の発達が続き、瞼を制御する筋肉が接続を確立し始める。
二七〜三〇週　睫と眉毛が見えるようになり、瞼が開閉できるようになる。
二八週　瞼板腺が瞼板を横断して伸び、毛様体突起が上瞼の皮膚の下層の一部となる一方、眼の筋肉が腱につながって、眼を動かす回路が完成する。
三二週　瞼を完成するための伸張と接続が進む。
三六週　瞼のすべての部分がしかるべき位置について機能し、瞼がこれからのすばらしい新世界に向かって開く準備が整う。[19,20]

もちろん、人間のことでは何もすんなり進みはしないので、瞼が発達する間に違うところも出てくると書かれても驚くことはないだろう。たとえば、アフリカの黒人の眼の形は白人に比べると平均して少し長方形に近い。アフリカ人の眼本体——丸い球——も骨質の眼窩から突出している程度が大きい傾向がある。内眼角間距離（左眼の内側の隅と右眼の内側の隅との距離）が長く、ある研究では、「通常のメキシコ人」（人種については言われていない）の眼球は「通常の」黒人あるいは白人の眼よりも突出していないことが唱えられている。[21,22]

瞼を人間どうしで比べて最も目につく構造上の違いは、内眼角贅皮（エピカンシック・フォールド）（*epi-*（エピ）はギリシア語で「上」を意味し、ギリシア語の「*kanthos*（カントス）」は眼の隅のことを言う）、あるいは瞼鼻ひだ（プリカ・パルペブロナサリス）（ラテン語で*plica*（プリカ）はひだを意味し、*palpebra*（パルペブラ）は瞼を意味する［*nasalis*（ナサリス）は鼻のこと］）とも言われるところにある。もっと一般的な「二重瞼」という、眼と眉の間にある横方向の折り目がある場合とは違い、内眼角贅皮のある「一重」瞼は睫のところまでずっとなめらかだ。このなめらかな瞼はあらゆる人種の胎児に共通だが、たいていは妊娠第六月までに瞼の折り目が発達する。一部の赤ちゃんはなめらかな瞼で生まれるが、やはりすぐに中央に折り目が発達することがほとんどだ。例外は内眼角贅皮がずっと残る人々で、主にアジア人がそうなる。しかし内眼角贅皮はアメリカ先住民、イヌイット、一部のアラブ人、少数のヨーロッパ人、とくにスカンジナビア人とポーランド人にも生まれつき見られる。内眼角贅皮はいくつかの医学的症状とも関係している。ダウン症の人一〇人のうち六人は一重瞼で、そのためこの症例を特定したジョン・ラングドン・ダウンはこの症状を今は否定されている「蒙古症（モンゴロイド）」という名で呼んだ［モンゴロイドは黄色人種の別名でもある］。内眼角贅皮は、遺伝子の欠陥で神経細胞の鞘（さや）となる物質のミエリンの減少を引き起こすツェルウェーガー症候群、女性のX染色体の欠落あるいは不完全によるターナー症候群、タンパク質のフェニルアラニンの濃度が遺伝により高く、知的障害を生むことがあるフェニルケトン尿症、劣らず重大な胎児性アルコール症候群の場合にも生じることがある。[23]

　健康な人々にとって、内眼角贅皮は身体上の問題にはならず、これもまた人間にある一つの興味深い違いだということにすぎない。なかには、これを美容上の問題で目頭切開という二重瞼にする外科手術で治さなければならないと思う人々もいる。男性よりも女性に多い。それほど侵襲的ではない策は、「瞼テープ」、つまりごく薄い透明の両面テープで瞼を折り込んだときの状態に保つというやり方だ。日本のコージー・アイトークという商品のメーカーは、「他の人からは区別がつかない、完璧で自然な二重のある瞼」になると約束する。[24] かつて古代ローマ人やルネサンスのヨーロッパ人は、顔を白くするために用いられた鉛白をはたくという有毒な方法を用いたりしたが、そんな化粧品の歴史からすれば、このテープ方式は、不必要ではあっても比較的害はなさそうだ。

一重でも二重でも、多機能の瞼は眼を閉じていてもすべての光を遮断するほど厚くはない。進化論の心得のある人なら、水中で散乱した光を受け取る魚類には透明な瞼が一つあるだけだということに目を留めるだろう。[25] 陸上と水中の両方で暮らすカエルは透明な瞼一枚と半透明の瞼一枚で十分にやっていけている。明らかに、人類は陸上で暮らすうちに、保護はするが、明るい日光を全面的に遮断するわけではない、この二枚のまあまあ不透明の瞼を発達させた。[26] 当初はこの瞼は非常にうまく機能して、夜明けに光が差し込むと、明るい昼間を有効に利用して働けるよう、目を覚まさせていた。その後目覚まし時計が日の出の代わりをするようになり、また年中無休の明かりが目覚めている時間を延ばした。しかしいずれも新しい、もっと完全に不透明な瞼を進化させることはなかった。それがあれば眠っているときに光が入るのを防ぎ、そうして眠っている眼を守るのだが。飼い猫や、チャールズ・ダーウィンには失礼ながら飼い犬は、飼い主の目の前に座って、眼を見開いたまま熟睡していることがある。これはその犬や猫が瞬膜を使って眼を覆い、それを潤し、ごみや埃を入れないようにするという、人間の瞼がしていることを、ペットの魚が瞼がまったくなくても水槽の底に沈んで眠れるのと同じようにできるからだ。しかし人間のうち一〇人に一人は、本当に眼を開けたまま眠って朝に眼が乾いたり、眼が赤くなったり、もちろん、夜中に休息を邪魔する光のせいで絶えず眠りを妨げられたりする。[27]

日中の、目覚めていて眼が開いているときは、すぐに乾くし、だから長い間開けておくことはできない。猫とにらめっこをしてどちらが先に瞬くかを競ってみよう(勝ちやすくする方法の一つは、眼ではなく、鼻を見つめることだ)。幸い、人間の瞼は素早く開閉して瞬きし、一分間に一五から二〇回も眼を涙で潤す。

一時間にすれば一二〇〇回、一日には二万八八〇〇回ということになる。

この瞬きの回数は多い。科学とはそういうもので、どこかの誰かが、人間が必要とは思えないほど頻繁に瞬きする理由を突き止めようとした。二〇一二年、日本の大阪大学と情報・神経ネットワークセンター（CiNet）と国立情報通信技術研究所で四つの調査が行なわれ、被験者のグループがMRIの中でテレビを見たらどうなるかを見る研究を行なった。被験者の脳の活動量がどう増減するかを追跡し、次のような結論を出した。「瞬きは動画を見ているときの意識しない休憩時に生じる傾向があるので、われわれは、瞬きは注意の解放に能動的に関与しているという仮説を立てた。動画を見ているとき、瞬きが始まった後、後頭葉の注意ネットワークでの皮質の活動は一時的に低下するが、内部処理にかかわるデフォルトモードのネットワークでは増大することをわれわれは明らかにした。対照的に、動画を物理的に消しても脳ネットワークにそれに対応する変化は明らかではない。こうした結果は瞬きが認知活動の際、一時的にデフォルトモードのネットワークを活性化し、他方では後頭葉の注意ネットワークの活動を下げることによって、注意力解放の過程に能動的に関与することを示している[28, 29]」。

簡単に言えば、私たちの瞬きは句読点のようなものらしい。たとえば、この段落を読んでいるとき、文の終わりで瞬きする可能性が高い。次の文に進む前にちょっとタイムをかけて、脳に自分が今読んだばかりのことを考える時間を与える反射行動の一種だ。同じことは、誰かの話を聞いていて、その人が中断をしたとき、あるいは映画や動画を見ていてアクションが一時的に停止したときなどにも起きる、と大阪大の研究者は言う。ナノ秒の一時停止は私たちの生活に欠かせず、私たちはそれを次のような一般の言い回しにさえ取り入れている。

「人生の物語はまばたきよりも早く、恋の物語はハロー、グッバイだ」――ジミ・ヘンドリクス

「地球がどれだけの間存在しているかを見れば、私たちの人生はまばたきする間のこと。だからしたいことは何でもすぐにやりなさい」――ジェイミー・フォックス

「何もかも、まばたきする間に変わるけど、ご心配なく、神様は目をぱちぱちしたりしないわ」――レジーナ・ブレット

「私たちが今生きている人生は、永遠の目からすれば、ぱちりの間にすぎない」――キア・デュリア[30]

もちろん、ここで言われているぱちり（ブリンク）は完全な瞬きで、瞼がくっつき、それから離れる。ヘンドリクスらの言う、「まばたき（ブリンクオブアナイ）」だ〔日本語の「まばたき」の「ま」は「目」のこと〕。上下の動きには他の形もあって、ハムスターが片目だけを瞬くような技とか、人間がウィンクして「からかっただけ」というようなものもある。さらに、わざと上瞼を半分下げて、そこで止めるというのもある。「ベッドルーム・アイ」とか「こちらにいらっしゃい視線」とか、その色っぽい合図としての評判は二〇世紀の初めにさかのぼるようなものもある。その当時のそのまなざしは非常に破壊的だったらしく、一九〇五年九月五日、テキサス州ヒューストンで、「ヒューストンの歩道、街路、公道にいる、あるいは通行する婦人、女性に対して、いやがらせる、あるいはふざける意図、あるいは計算された様式で、見つめたり、一般に『ごろごろ眼（グーグーアイ）』と呼ばれることをするなどの見つめ方をしたり、あるいは他のいかなる形であれ、そのような婦人あるいは女性の気を引こうとするヒューストン市の男性は、不品行の罪で有罪とみなされ、ヒューストン市裁判所で一〇〇ドル以下の罰金を科せられる」[31]という条例が成立した。明らかに、テキ

サス州で起きたこの件はテキサス州だけにとどまった。一九二〇年代のルドルフ・ヴァレンティノから一九五〇年代のロバート・ミッチャムやリザベス・スコットまで、映画俳優は性的関係を匂わせる半分閉じた瞼を用い続け、結局テキサス州はこの条例を捨てて取り消すことになった。

今日では、これまた瞼を下げるのが好きなレオナルド・ディカプリオが、テキサス州ヒューストンでセクシーな眼をしても合法だ。本人が思うほどその眼はセクシーではないかもしれないが。二〇一二年、ミシガン大学の心理学者、ダニエル・クルーガーとジョーリー・ピグロウスキーは、四〇〇人以上の男女学生有志の被験者に、眼を大きく見開いた男の写真と、同じ人物の瞼を半分閉じた写真とを見せた。

原則的に、大きく開いた眼は哺乳類の子どもの特徴で、動物は成長すると眼が明らかに小さくなる。眼球の大きさが変わるのではない。その違いは瞼の横方向瞼の間隔、上下の瞼の開きにあり、これは長じるにつれて、わずかに小さくなる。[32] したがって論理的にはあのセクシーな下げられた瞼は成熟していて信頼できるように見せていると結論していいかもしれない。偶然ではない。『パーソナリティと個体差』誌に掲載されたクルーガー／ピグロウスキーの研究で示された反応は文句なく明瞭で確かだった。女子学生のほとんどは、開いた眼の方を、自分の子の父親として選ぶと言った。男子学生の一〇人のうち七人以上は、好ましくつきあえる、あるいは自分のガールフレンドと過ごしても信頼できる相手として眼を見開いた男を選んだ。要するに、信頼されたかったら、瞼を下げてはいけない。女性にとっても男性にとっても、大きく開いた眼は信頼できるに翻訳される。[33]

二つの瞼についてはこのくらいにして、第三の瞼を取り上げよう。人間に実際、第三の瞼があったら。もちろんそれはあった。そして今もある。

ごく人間的な第三の瞼

二〇〇四年、リューベック大学（独）解剖学研究所の研究者チームが、一一体の胎児、二人の新生児、一人の老人の眼を調べ、胚発生の初期には人間の眼にまさしく瞬膜のように見える皮膚のひだがあることを発表した。ひだの上下には上皮細胞がある。その間には未熟な神経繊維、血管、腺がある。最初、このひだは眼の大半を覆っているが、眼と瞼は発達しても、ひだは発達しない。生まれる頃には、残っているのは結膜半月ひだ、背後にある膜の半月形のひだで、肉阜、つまり眼の内角の小さな赤い斑点あるいはふくらみの脇から数ミリ伸びている。[34]

鏡を——もっとよいのは凹面鏡を——覗き込むと、自分のひだの端が見えるかもしれない。そうしなくても左図のように見える。イギリスの解剖学者ヘンリー・グレイの古典、『人体の解剖学』の二〇世紀アメリカ版（Philadelphia: Lea & Febiger, 1918）に掲載された一二四七枚のたぐいまれな解剖学的図版の一つ、図八九二だ。

飼い猫の瞬膜のように、人間の結膜半月ひだには、いくつかの重要な役目がある。それは眼の表面を瞼から分離して、瞼が眼球にへばりつくのではなく、なめらかに動くようにする（たまたま膜に傷がついていたら、眼球の動きが影響されるだろう）。ひだの裏地は、瞼の上と下の端の内側にあるマイボーム腺のように油性の液体を分泌する「杯状細胞」を保持していて、この分泌物は、眼や鼻や口にあるムコ膜が分泌する水性の液体、「カタル性分泌物」と混じる。目が覚めている間、その分泌物は眼を洗って潤滑し、それ自体は流されて、眼を流れる涙となる。しかし眠っているときのカタル性分泌物は、埃、血液や皮膚の細胞、ムコ液のような滓（かす）をまとめて「ガウンド」という、目やにとか、子どもの共通語では「目くそ（ブガー）」と呼ばれることのある、ゴムのような黄色っぽい物質にする。こうした物質の塊は、目を覚ましたときに眼をねばつかせるが、温かいおしぼりでぬぐい去ることができ、快適な熱さのシャワーはそれを溶かす。その後、半月ひだは基本的な日中の仕事に戻り、世界を見回すときに眼が滑らかに動くようにする。

そうなると、半月ひだは痕跡的なのだろうか。そうとも言えるしそうでないとも言える。時間をかけて見ると、新しい部分を生み出したり、古い部分を修正したり、個体のいくつかの部品を消滅させて後には何も残さなかったりという進化による変化は至るところに見られる。たとえば、メキシコの暗い洞窟に住む盲目の洞窟魚（ブラインド・ケーブフィッシュ）のような、眼を必要とせず、それがなくても「見る」方法を発達させた魚以外のすべての魚に眼がある。

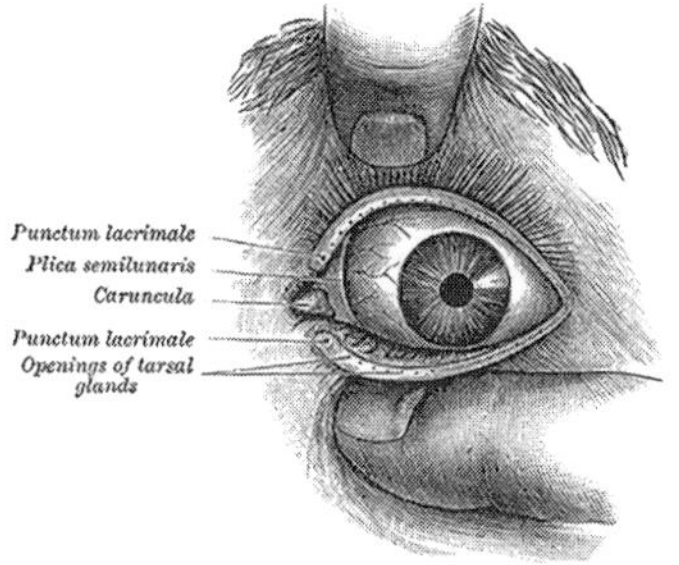

現在地球に暮らすすべての鳥は、それが進化する元になった恐竜にはあたりまえだった歯が置き換わった嘴で餌を切り、噛み、砕く。しかし私たちは端から端まで動く瞬膜を失ったり他のものにしてしまったりしたわけではない。私たちはそれを持ったことがないからだ。確かに資料によってはキツネザルなど、いくつかの霊長類は、完全に発達した第三の瞼を持っていると言われる。しかし、動物界全体で、それがある霊長類は、*Calabar angwantibo*（カラバル・アングワンティボ）、つまり、西アフリカの熱帯雨林に棲む、ロリス科に属するカラバ

人間の結膜半月ひだ、Henry Gray, *Anatomy of the Human Body*

ルポットだけだと説くものもある。確かにもっと高等な類人猿には、人類と多くのＤＮＡを共有するオランウータンを含め、それを持っているものはない。[35,36] 私たちは発生の初期で、それにいちばん近いものを持つ。先にも述べた、発達中の眼の全部ではないが一部を覆い、それから生まれたときに存在する通常の半月ひだに後退するときのことだ。[37]

結局、私たちが得たのは、私たちとそれに最も近い霊長類の親戚がずっと持っていたもの、つまり上下に動く上下二つの半透明の瞼と、小さくてもまだ役に立つ透明な組織、直立し、乾燥した陸地を歩き、保護する眼鏡をかけた人間の生活に単純に合った膜だった。

二つの眼、四つの瞼——どこがおかしくなるか

他の体の部分と同様、瞼も独自の問題に陥りやすい。生まれつきの欠陥である無眼瞼症（「去る」を意味するラテン語の「*ab*」と「瞼」を意味するギリシア語「*blephar*」による）、つまり瞼がなかったり、通常より小さかったりするもの。眼瞼炎は瞼のブドウ球菌感染症で、瞼が睫に出会う端のところに起きることが多い。眼瞼痙攣は瞼を制御する挙筋が意図しないでぴくぴく動くこと。霰粒腫（ギリシア語の「*khalazion*」は小さな腫れを意味する）は、小さな腫れ物（「めぼ」などと言われる」で、上瞼、下瞼いずれかの脂腺が詰まった結果だ。霰粒腫はひとりでに治ることもあるし、温湿布あるいはステロイド注射の処置をして治ることもある。治らないときは、腫れを外科的に取り除くこともある。眼瞼外反（ギリシア語の*ek*＋*trepein*で外側を向くという意味になる）は、一般に加齢に関係する眼瞼が外側へひっくり返ることで、涙が過剰に出たり、眼の表面が硬化したりする。その反対の眼瞼内反（ギリシア語の接頭辞*en*は「内側」を意味する）もたいてい加齢のせいだが、生まれつきの欠陥、瞼の裏側にある傷による、瞼の慢性的な痙攣の結果ということもある。麦粒腫（ラテン語で「大麦」を意味する*hordeum*に由来）、瞼にできる赤い腫れは、一般には*stye*［ものもらい］と言われ、[38] やはりブドウ球菌の感染症で、こちらは皮脂腺が感染する。眼瞼弛緩は瞼を眼球から引き離せるようになる瞼の弛緩。弛緩が重症になって、瞼を大きく引き離してライス円蓋と呼ばれる一種の凹みができるほどになると、弛緩は外科手術をして瞼を引き締め、眼を保護する必要が生じることもある。眼瞼下垂（落下を意味するギリシア語による）は瞼が垂れ下がることで、片眼の場合も両眼の場合もある。眼瞼外反や

内反のように、下垂は加齢によることもある。糖尿病やベル麻痺、重症筋無力症、偏頭痛、脳腫瘍などのさまざまな医学的問題によって引き起こされる瞼を上下させる挙筋の弱さ、あるいは麻痺によることもある。そしてもちろん、他の皮膚と同様、瞼も、シャンプー、シェービングクリーム、アイシャドー、アフターシェーブローション、マスカラなど、毎日顔にふりかける多くの製品のような刺激物に対する、皮膚炎、赤み、紅潮などの反応が起きる。また、傷がつけば腫れるし、他の組織と同様、良性でもそうでなくても腫瘍ができることもある。

世界の瞼

瞼がない動物

昆虫

透明な瞼が一枚の動物

蛇*

魚

瞼が二つの動物

人類**

霊長類***

一部の爬虫類****

瞼が三つの動物

ツチブタ

ハゲワシ

ビーバー

ラクダ

猫（大型のネコ科動物も含む）

ウ類

ワニ類*****

犬

カモ

カエル

トカゲ

フクロウ

ホッキョクグマ

アザラシ

サンショウウオ

サメ******

* ヘビの1枚の瞼、透明な皮膚〔鱗〕の層は、眼鏡（ブリル）とか眼の蓋（アイキャップ）と呼ばれる。

** 結膜半月ひだは眼全体を覆わないので数えない。

*** 一部のキツネザルとロリス科のカラバルポットは除く。

**** 開いた眼を保護する1枚の透明な瞼、眼を閉じるための1枚の不透明な瞼

***** アリゲーター、カイマン、クロコダイル。

****** サメの中には瞬膜があるものもあり、ホオジロザメ

のように、眼を頭の中に引っ込めるだけでそれを保護するものもある。

［Stephens, Christina, “What animal has three eyelids?” Pawnation.com, http://animals.mom.me/animal-three-eyelids-1300.html および、“Ten most incredible eyes in the animal kingdom,” Scribo, http://scribol.com/environment/10-most-incredible-eyes-in-the-animal-kingdom/による］

第6章　白い歯——親知らず

「人間の頭部にある全ての歯はダイヤモンドより貴重だ」

――ミゲル・ド・セルバンテス『ドン・キホーテ』(一六〇五)

「第三大臼歯、つまり親知らずは文明化された種族ほど痕跡的になりつつあるように見える。ここの歯は他の臼歯よりもかなり小さく、これはチンパンジーやオランウータンの同じ歯についても言える。第三大臼歯には咬頭(こうとう)が二つしかない。この歯は一七歳くらいになるまで歯茎から出てこないし、それは虫歯になりやすく、他の歯よりも先に抜けることを私は確かめたこともあるが、高名な歯科医にはそれを否定する人もいる。この臼歯は構造の点でも発達する期間の点でも他の歯に比べてばらつきが大きい。これに対して、メラニアン人種［肌が黒い人々］においては親知らずはたいてい三つに分かれた咬頭があり、一般的に健全であり、また他の臼歯と比べると大きさが違っているが、白人種の場合よりもばらつきは小さい。［ドイツの解剖学者で人類学者のヘルマン・］シャーフハウゼンは、この人種による違いを、文明化されている人々の間では『必ず顎の奥の部分が短くなっていることによると説明した。この短縮は、私が思うに、文明化した人間が習慣的に柔らかい、火の通った、したがって顎をあまり使わない食餌をとっているためかもしれない。アメリカでは、顎が通常の数の大臼歯が完全に発達するほど大きくならないため、子どもの臼歯を何本か抜くのがごくありふれた習慣になりつつあるという話を私は聞いた」。

——チャールズ・ダーウィン『人間の由来』

魚の歯とダーウィンのフィンチ

町で出会う生物学者に地球の生命はどこで始まったかと聞けば、一〇人のうち九人は「海」と答えるだろう。しかし一〇人目に遭遇するのがオレゴン大学の古生物学者で地質学者のグレッグ・レタラックだったら、地球（アース）の生命は土（アース）で、つまり陸で生まれた可能性が相当にあると言うかもしれない。証拠はというと、エディアカラ生物群（バイオータ）だ。

バイオータとは、ヨーロッパ大陸といった特定の領域、あるいは私たちがいる新生代といった地質年代にいたすべての動植物の集合総体を表す。生命圏（バイオスフィア）は、OxfordDictionaries.comによれば、「生物によって占められる地球の地表、大気圏、水圏（あるいは他の惑星の同様の部分）」と定義され、この惑星のすべてのバイオータを含む。その動植物などの生物は、基本的に原核生物と真核生物という二つの種類に分かれる。膜で囲われた細胞核を持たない細胞による生物が原核生物で、ミルクをヨーグルトに変える善玉も食中毒を起こすことで有名な大腸菌のような悪玉もひっくるめた細菌の世界全体がここに入る。第二の集団に属するもの——酵母やアメーバなどの単細胞生物も含めた他のすべて——には、膜で囲まれた遺伝物質を保持する細胞核や、タンパク質を代謝するとか光からエネルギーを吸収するなどの特定の機能を行なう特化した極微構造物である細胞小器官がある。多細胞生物の登場は、細胞が単純にエネルギーを吸収し、利用して生き続けるのではなく、細胞が一体化してさまざまな複雑な処理を行なう複合的な存在を生むことによって、地球上の生命をがらりと変えた重大な瞬間だった。科学記者のチャールズ・Q・チョイは、Astrobio.netに掲載された素敵な記事で、原核生物から真核生物への、また単細胞から多細胞への驚異の進化は、「複雑な地球外生命が、よその惑星でどう進化するかに光をあてられるかもしれない」と記している。[1]

スミソニアン国立自然史博物館の説明では、この地球で「知られている中で最古の多細胞真核生物かもしれないのは、*Grypania spiralis*（グリパニア・スピラリス）という、幅二ミリ、長さ一〇センチ以上のコイル状の、リボンのような化石です。これはコイル状になった多細胞の藻のような外見で、ミシガン州の二一億年前の縞状の鉄の地層にあったものが記載されています。グリパニアは真核生物ではないかもしれませんが、別の、これとは近縁関係のない、集落をなす真核生物、*Horodyskia*（ホロディスキア）が、北米大陸西部の一五億年前の堆積岩と、西オーストラリア州の一〇億年以上前の岩石にあることがわかっています。知られている多細胞動物の中で最古の例は、エディアカラ動物群（ファウナ）です」[2]。

チャールズ・ダーウィンが南米大陸南部の沿岸水域の地図を作成する任務を帯びた博物学者として乗組員に帯同するよう招かれ、一八三一年一二月二七日に英海軍軍艦ビーグル号に乗船し、それから有名な五週間のガラパゴス諸島滞在を含む地球一周をしたとき、定説では、地球で最古の化石はカンブリア紀のものとされていた。五億四一〇〇万年前だ。エディアカラ生物群の長さは一センチから二センチであり、クラゲやミミズのような無脊椎動物の先祖と考えられるこの生物群は、それを変えるかもしれない。この化石群の名は、それが一九四〇年代の末に初めて出土したオーストラリアのエディアカラ丘陵の名をとっている。レタラックは、この生物がさらに一億年さかのぼり、「外見や保存状態の点で、海洋動物あるいは原生生物よりも……地衣類など、生物生成土膜（バイオロジカル・ソイルクラスト）の微生物群集の方に似ている」と言う。原生生物とは、酵母のような陸上の生物のことで、群れをなして暮らすが体の組織は作らない。[3]

それは少数派の見方だが、レタラックだけの見方でもない。ほとんどの古生物学者は確かにエディアカラ生物群が水の産物だと考えるが、果敢な少数派がレタラックは何かを掘りあてているかもしれないと思っている。「それは急進的な考え方だが、事実がどうだったかはわかってない」と、アリゾナ州立大学地球・宇宙探査研究科のポール・ノースは言うが、「多くの人々が推測しているような、約五億年前までは地球の陸地は不毛だったということにはならない」とも言う。他方、バージニア工科大学の地球生物学者、シューハイ・シャオムのように、レタラックの理論を受け入れれば、一つの種が、乾いた陸にも塩分濃度の高い海中にも適応できたという考え方を認めるということで、よく言っても「見込みは低い」と言う人々もいる。[4]

時間がたてば誰が正しいかわかるだろうが、当面は、いつどこで始まったとしても、その後、もっと複雑な生物が海に出現してそこから這（は）い出てきたことには合意しておこう。ほとんどは歯を持っているが、海に残っている側の中にも歯があるものはいる。たとえば魚類には虫歯はないどころか、ピラニアやタイガーフィッシュや、もちろんサメのジョーズのように、見事で優れた鋭い歯を持っているものがいる。海に棲む生物には、カタツムリの舌にある二万五〇〇〇の歯のような、異なる歯の構成、場合によっては複数の歯列がある場合もあるし、マダラトビエイという貝を砕けるほどの実に強力な歯列があるものもいるし、ウナギの咽頭歯のように、喉の内側から外へ突き出し、餌を摑んで引きずり込むようなものもある。[5] 原則を試すような例外もある。シロナガスクジラ（*Balaenoptera musculus*（バレノプテラ・ムスクルス））は、体長が三〇メートル、重さは一七〇トンにもなる、地球で最大の動物（たぶん史上最大だろう）だが、まったく歯を持たず、オキアミなど小エビのようなものだけを餌にしていて、それを海水とともに取り込み、貴婦人が開く扇の骨と骨の間に絹も紙もないもののように見えるひげ板で漉し取る。

約四億年前、脊椎動物の祖先が乾いた陸地に上がり、這って、あるいは歩いて上がってきた——あるいはレタラックの見方では、海から上がり、這って、あるいは歩いて、陸に戻ってきたとなる[6]——そのときには、多くは生えそろった歯を持つか、あるいはそうなる見込みをそなえていた。確かに、一部の恐竜は歯がなく、餌を歯茎で押しつぶしていた。しかし多くはそうではなく、そうはしなかった。見事なT. Rex〔ティラノサウルス〕には約五〇本の歯があり、なかには長さが三〇センチというものもあって、どの歯にも骨も砕くほどの力があった。その後の一億年以上、歯があろうとなかろうと恐竜が滅びても、他の動物が生き残り、その象牙質を維持した。

明白な例外が一つある。その重要な子孫が始祖鳥（*Archaeopteryx*）だ。

一八六一年、南ドイツの古生物学者グループが、鳥のような恐竜の化石を発見し、*Archaeopteryx*と名づけた。ギリシア語で「古い」という意味の*arkhaios*-と、「翼」を意味する*pteryx*による。この生物は羽を持った恐竜と現代の鳥類との中間点かもしれないと考えてのことだった。その可能性から、古生物学者は、現代の鳥類やワニ類は、*Archosaurs*〔主竜類〕という、他の恐竜が六六〇〇万年前に絶滅した後もしばらく残っていた、肉食の巨大爬虫類群の子孫ではないかと考えるようになった[7]。例のごとく、アルコサウルスという名そのものがその正体を語っている。ギリシア語で*archos*は「主人」を表し、*sauros*は「トカゲ」を表すので、*archosaur*類は生き残って主たる爬虫類になった動物ということになる。

歯はあった。
最初、主竜類の子孫は、鳥もワニも歯があった。今日、ひな鳥やヘビ、カメ、ワニの子が卵の殻をつついて破ってこの世に出てこられるようにする「卵歯」（歯というよりは骨）を除いて、鳥の歯の名残は、噛（か）んだりつぶしたりするように効果的に進化した道具、嘴（くちばし）だけだ。

チャールズ・ロバート・ダーウィンにとっては、嘴は重要だった。

ダーウィンはガラパゴス諸島で、ある朝ただ目覚めて「わかった（ユリイカ）！　進化だ」と言ったわけではない。最初は南米、それからこの群島で自分の仕事をしていて、フィンチと呼ばれる鳥（多くはそうではなかった）を採集し、標本にしてイギリスに送っておき、帰国するとそれを鳥類学者のところに持ち込み、ガラパゴス諸島の鳥の嘴が、南米の同様の鳥の嘴とは異なることを認めてもらった。ダーウィンは『ビーグル号航海記』（一八四五）〔島地威雄訳、岩波文庫（一九五九～六一）など〕に、「この小さな密接な類縁関係のある鳥の集団にこれほどの構造の段階的な違いや多様性があるのを見ると、この群島に居着いたわずかな鳥から、一つの種がいろいろな終端に向かい、変化したと想像していいだろう」と書いている。[8] 言い換えると、時間がたつにつれて、それぞれの島で鳥が隔離されている間に、元の南米大陸にいて木をつついて樹液や昆虫を取り出している鳥の優雅に長く尖った嘴から、ガラパゴス諸島で木の実を砕いて生き延びるのに必要な短く頑丈な嘴へと自然に修正されたということだ。

それこそが「ユリイカ」の瞬間で、自然淘汰となった。[9]

もちろん、重要な瞬間だったとはいえ、それが発見の最後のチャンスだったわけではない。ダーウィンが訪れてから一五〇年以上たっても、ガラパゴス諸島は見慣れない驚きの生物が栄え、今も私たちの世界について何かを教えるのを待ち受けている。「次世代科学者（ネクスト・ジェン・サイエンティスト）」というブログを始めた昆虫学者にして生物学者のアーロン・ポメランツは、二〇一六年、この地域に出かけて珍しい爬虫類に出会った。「最近ガラパゴスに出かけたとき、それまでテレビでしか見たことがなかった動物をいくつか見ることができて、喜びを抑えられなかった。ウミイグアナは私が大好きな動物の一つで、溶岩による岩石に紛れ、周囲の人間の活動をまったく気にしない。しかし私はそのイグアナがおもしろいことをしているのに気づいた――あるイグアナが数分ごとに大きなくしゃみをして、水を一メートル以上噴き上げるのだ。しかしこの溶岩のような姿の爬虫類が、なぜそんな鼻水ロケットを噴射するのか。まず、ウミイグアナ、*Amblyrhynchus cristatus*（アンブリリンクス・クリスタトゥス）は、海へ泳いで出て藻を食べる、海の生活様式に適応した世界で唯一のトカゲだということがおもしろい。この海での摂食行動のおかげで、このイグアナは当然、藻だけでなく、大量の過剰な塩分（主に塩化ナトリウムで、いくらか塩化カリウムもある）も摂取する。このウミイグアナは、過剰な塩分を処理するために、独特の解決策を得た。イグアナの生物学に関するある本がそれを上手にまとめている。このウミイグアナは、これほど高塩分の食餌に対応するために、頭の大きな塩分腺を使って、摂取したナトリウム、カリウム、塩素のほとんどを排泄する。分泌された液体を勢いよく排出するところが、この動物に観察された派手な鼻水とくしゃみだった。つまり、結局、実はあの激しいくしゃみは、それがなかったら命取りになりかねない塩分過剰を処理するように、進化で巧妙に適応した結果なのだ。われわれは世界で唯一の海洋性トカゲを見ただけでなく、私はイグアナが吹きかけてくる鼻水によって新しいことを学ぶこともできた[10]」

今日でも太平洋には、現代のダーウィンが調べて保存してくれるのを待つ、宝の山のような島がまだ残っている。たとえば、ガラパゴス諸島のはるか西方の、四つの島からなるパルミラ環礁だ。二〇一六年、ネイチャー・コンサーバンシーという自然保護団体が、「［この］手つかずの太平洋環礁生態系を真に保護する最後のチャンス」となるかもしれないことを実行するために自然研究者を呼んだ。野外生物学者たちは、この地を、他では絶滅したり姿を消したりした野生生物、植物、魚の環境の宝庫と呼ぶ。楽園と呼んでもいいかもしれない。珍しい、色とりどりの鳥が集まって巣を作り、背の高いヤシの木が砂浜にココナツを落とし、魚群が温かい環礁の海を泳ぎ回る、無人の熱帯の島だ。パルミラはハワイの南千数百キロの中部太平洋にある、アメリカ領の私有される島だ。米海軍が基地を設営していた第二次世界大戦中以外は本当にまったく居住されていなかった。よそでは局所的に絶滅するまで獲られた生物が、パルミラでは繁殖している――グンカンドリ、巨大なオカガニ、珍しい樹木、サンゴ、魚類がいる。環礁は一世紀近く、ほぼ、ある一族の所有だったが、今はネイチャー・コンサーバンシーが、そこにある生物学的財産を保存して永久に保護するために買い取ろうとしている。この環境保護団体は三七〇〇万ドルを集めて環礁の代金にし、そこを保存と研究のために、また小規模の環境観光地（エコツーリズム）として維持する基金を設ける計画だ。二〇〇〇年、ナショナル・ジオグラフィック・ラジオ調査隊に加わったＮＰＲ［全国公共ラジオ］のジャーナリスト、アレックス・チャドウィックが、この島まで飛ばしたチャーター機から報じている。「ここまできてさえ、多くの難関があります。古い、舗装されていない海軍の滑走路に熱帯の嵐の中、小型機を着陸させるという危ない経験などのことです。この島は、主として豪雨のおかげで実に繁栄しています。探検隊にはアメリカ魚類野生生物局の生物学者の方がいて、珍しい島の群れだとか、ハワイやカリブ海に見られるものよりはるかに豊かな珊瑚礁だとか、大型の、他ではもう見つからないかもしれないような稀少な魚の群れだとかの記録をとっています」。チャドウィックは、この雨の多い島の鳥、野生生物、大型熱帯魚の群れについてさらに伝え、二回にわたるパルミラについての番組を終える。環礁を保全する努力についても語る。海軍による環礁の変造は、環礁の中央にある浅瀬の健全性にとっては大いに問題となっているし、天候とインフラはエコツーリズムを難しくしているが、ネイチャー・コンサーバンシーがその野心的な計画を進めることができれば、エデンの園のような状態にある最後の熱帯環礁を保存できるかもしれないと。[11]

足りない骨と過剰の大臼歯

現存する地球で最も小さい鳥類である現代のハチドリは、平均すると体重が四グラムほど。最大の鳥類、ダチョウは一六〇キロ近くになる。大きさは違っても、両者は二つの重要な点で共通するところがある。翼や背骨ではない。それより餌を歯のように砕く嘴と内臓の方が先にできたのかもしれないのだ。

一八二一年、フランスの自然学者、ジョフロワ・サンティレールは、鶏の胚が卵で発生するとき何が起きるかを調べた。さまざまな段階の卵を割って、胚によっては歯の生え始めのように見えるものがあることを発見した。サンティレールはその発見を発表した。当時の人々からはおおむね否定されたが、後から見れば、ある重要なことに迫っていた。二〇一四年、現代の鳥が肉食のアルコサウルスから受け継いだはずの歯を持っていない理由という、これまで科学につきつけられてきた謎を解明するために、カリフォルニア大学リバーサイド校の生物学者、マーク・スプリンガーは、太古の鳥の化石から取った

地質年代はどれほど古い？[12]

地質学者は地球の年齢を「累代（イーオン）」で表す。これは「代（エラ）」に分かれ、それがさらに「紀（ピリオド）」、「世（エポック）」と分けられ、最後に「期（エイジ）」となる。こうした時代の名はギリシア語に由来する。ギリシア語で「動物」という意味の単語*zoion*（ゾーオン）に由来する、「*-zoic*（ゾーイック）」という部分が語末についていることからもすぐわかる。たとえば、ギリシア語で「見える」という意味の*phaneros*（パネロス）に*-zoic*を加えてできる*Phanerozoic Eon*（ファネロゾーイック・イーオン）〔顕生累代〕は、「見える動物の時代」という意味で、私たちのいる時代もそこにある。他の用語も同様。

ここに挙げた一覧は、地質年代の物差し、イギリスの地質学者が地球の各時期を表すために考案した方式を示す。一八四一年、ジョン・フィリップスがそのような区分図の最初のものを発表し、各時代に見られる化石のタイプに基づいて地球の歴史の基準を定めた。[13] それは上にあって最も新しい、現代の人間が威張っているところから始まり、時代をさかのぼって、冥王代（ハデアン・エラ）という、地球ができた当時の宇宙の中のカオス的閃光の時期まで進む。頻出するギリシア語の接頭辞にはカイノス*kainos*からの*cen-*や、*meso-*、*paleo-*があり、後期、中期、前期とも訳され、最初、つまり暁を意味する*eo-*、新を意味する*neo-*などもある。これ以外の名称については、本当に興味のある人は、驚くほど広範囲にわたるネット上のOnline Etymology Dictionary〔語源オンライン辞典〕、http://etymonline.comで、さらに詳しい意味と歴史を調べてもいいだろう。そこでは、こんな言語の物語も語られている。「Cambrian（形容詞）一六五〇年代初出。「ウェールズの」や「ウェールズ人」を意味するカンブリアによる。ウェールズ人が自称する*Cymry*のラテン語形*Cumbria*の変形。古ケルト語の*Combroges*、つまり「同国人」による。地質学的な意味（ウェールズとカンバーランドで最初に調べられた岩石が属する）は、一八三六年から」。

顕性代（五億四一〇〇万年前から現在まで）

新生代（セノゾーイック・エラ）（六五〇〇万年前から今まで）「新しい」あるいは「最近の」動物の時代。人間も含み、現在の「第四紀」、その前の「新第三紀」と、哺乳類や人類に至る系統が勢力を伸ばして地球上の生命を支配するようになる「古第三紀」からなる。

中生代（メソゾーイック・エラ）（二億五一〇〇万年前から六五〇〇万年前）「中間の動物」の時代。フィリップスが一八四〇年代に考えた言葉で、「白亜紀」、「ジュラ紀」、「三畳紀」を含む。哺乳類や鳥類が現れた時代で、だいたい一億年前から一億一六〇〇万年前には、丈夫な歯を持つ肉食恐竜の子孫であるすべての鳥類が進化して、どういういきさつか、歯を作るのに必要な遺伝子をぱっと失うことになった瞬間がくる。しかし鳥の最大の成果は、六五〇〇万年前の飛行しない恐竜がすべて大絶滅をしたという、その後優勢になる哺乳類の台頭に扉を開いた破局的事件の後も生き残ったことだった。その大半は、ちょうどその頃、元の形状が崩れて分離し始めた各大陸に住み着くようになった。

古生代（パレオゾーイック・エラ）（五億四一〇〇万年前から二億五一〇〇万年前）「古い動物」の時代で、ペルム紀、石炭紀、デボン紀、シルル紀、オルドビス紀、カンブリア紀がある。海洋脊椎動物——魚類、海鳥、海の爬虫類、海の哺乳類——が優勢な生物だった時代。この代の中頃、四億年近く前、最初の四脚脊椎動物、トカゲのように見えるが実際にはあらゆる哺乳類の先祖が、水中から出て陸地で暮らすようになった[14]（すべての哺乳類がその後もこの道を進み続けたのではないことは言っておくべきだろう。アザラシ、トド、クジラ、イルカ、マナティ、セイウチなど、海洋哺乳類のすべてではなくても多くが前脚をひれに替えたが、骨格を丁寧に調べると、ごく小さい後脚と大腿骨頭の痕跡が胴体内に見られる。「痕跡的」の現代的定義に本当にあてはまる構造物だ）。

先カンブリア累代（四六億年前から五億四一〇〇万年前）

原生代（プロトゾーイック・エラ）（二五億年前から五億四一〇〇万年前）「動物以前」の時代で、新、中、古、各原生代がある。最初の多細胞生物、まだまだ原始的で、厳格な骨格や保護する殻もまだ現れていない生物が現れた時代。[15、16]

始生代（アルキーアン・エラ）（四〇億年前から二五億年前）ギリシア語で「古い」を意味する*arkhaios*（アルカイオス）や、「始まり」を意味する*arkhe*（アルケー）により、新、中、古、原、各始生代がある。地球が冷えて、大陸が生まれた頃（太古代ともいう）。

冥王代（ヘイディアン・エラ）（四六億年前から四〇億年前）ギリシア語の地下世界の王を意味するハデスによる。この名は「地獄」と同義で（西洋の「地獄」は、熱く焼き尽くされるようなところ）、これは地質学者によれば、地球が生まれた直後にあったと思われるようなことを表すのにふさわしいのではないかという。

ＤＮＡを現代鳥類のＤＮＡと比べ、鳥の歯の外層、つまり硬いエナメル層とその下の軟らかい象牙質の形成に影響したであろう六つの遺伝子の変化を調べた。スプリンガーは『サイエンス』誌で、「四八種の鳥類で、いくつかの不活性化突然変異が共通である点は、歯の外側のエナメル質の覆いが一億一六〇〇万年前頃に失われたことを示唆している」という発見を伝えた。要するに、鳥の歯のない状態は遺伝子の不活性化のせいで、かつては必須だったものが、現代鳥類のＤＮＡでは眠っているらしいということだ。[17]このことが、カメ、アルマジロ、ナマケモノのような、他の歯のないアルコサウルス系の子孫にも成り立つかどうかはまだ調べないといけないが、明らかに歯を作る遺伝子は、これまた鳥の類縁で、スプリンガーの言う最も近い存在であるアメリカアリゲーター〔ワニ〕では、今も生きていて発現している。

なるほど。でも私たちは鳥ではない。私たちは飛べないし、羽もないし、歯を失わなかった。種としてのヒトはみな生まれつきものを持っている。人間の第三大臼歯――親知らず――はまだあり、それを使いこなせれば役に立つだろう。問題は、一部の人間だけが動かせる耳の周囲の筋肉のように、第三大臼歯が生える余地があるほど大きい顎を持っているのは、たぶん人間のわずか一〇パーセントほどということだ。そのためもあって、アメリカ総合歯科学会は、「埋伏智歯（まいふくちし）」を最もありふれた医学的発育障害に分類することにした。[18]

ダーウィンが見たガラパゴスのフィンチの嘴のように、私たちの顎も私たちが得た生活様式に適応していて、この場合は小さくなる方へ進んだ。なぜかというと、三つの説明が考えられる。⑴食生活。⑵筋肉。⑶遺伝子。証拠からは、⑴と⑵を合わせたものと⑶の多様性が等しそうだ。

ダーウィンが見てとったように、人間の食生活は、時代とともに、固くてなまの食べ物から、柔らかい牛肉、魚、鶏肉、火を通した野菜、穀物へと移り、私たちはあまり活発に嚙まなくなった。筋肉を動かすのはただ筋肉を大きくするのではなく、骨も強くする。世界中で人間があまり嚙まなくなると、みな顎の骨が小さくなる。ケント大学（英）のノリーン・フォン・クラモン＝タウバーデルが世界の一一の地域から集めた三〇〇人の顎の骨を比較すると、一貫したパターンがあった理由もそこにある。農業社会の主として植物性の食生活をする人々は、肉食社会に暮らす人々よりも、顎骨は短くても広く開いていた。「子どもが育つ状況が異なれば、咀嚼行動が異なると考えられる」とクラモン＝タウバーデルは言う。その結論は、顎の形が異なるのは、集団の遺伝子構成ではなく、子どもが幼い頃、嚙むときに顎の筋肉を毎度どう動かすか――あるいは動かさないか――によるということだった。[19]

ニューイングランド大学（メイン州）のピーター・ブラウンも同じように考えている。一九五〇年のアデレード大学（豪）での調査から得られた「オーストラリアのアボリジニが初めて［ヨーロッパ人に］遭遇したとき、非常に大きな歯と大きな咀嚼筋と前に突き出た顔をしていたことで有名だった」ことを示すデータに明らかな証拠がある、とブラウンは記している。しかし二〇世紀の半ばの西洋的食生活を採用した後になると、アボリジニも歯科に集まるようになった。その後、小さな顎の人々どうしが結婚、あるいは交配をして、小さな顎の子ができ、その子には第三大臼歯はまだあるものの、小さな顎に埋もれているということにもなる。それは今なお続く問題で、ブラウンはそれについて非常に実践的な対処法を得て、こう言っている。「私は人類学者なので、子どもには食べるものをよく嚙めと言っている」。[20]

人間の歯の成長と維持

人間も仲間の多くの動物と同じく、第一生歯（「脱落歯」、「乳歯」、「子どもの歯」とも言う）と、永久歯という二組の歯を持っている。犬は二八本の乳歯と四二本の永久歯、猫は二六本と三〇本となる。人間の口はふつう、二〇本の乳歯と三二本の永久歯があるが、文句なく健康な人でも歯がすべてそろって生まれるわけではなく、なかには四本の親知らずを持たない人もいれば、余分は一本か二本という人もいる。

第一生歯は妊娠六週あたりで形成され始める。この過程は、labiodental lamina（レイビオデンタル・ラミナ）という肥厚部分の登場とともに始まる。その次に歯堤（してい）ができ、さらにその後に「歯蕾（しらい）」が上顎に五つ、下顎に五つできる。歯蕾は歯が育つ鋳型のようなものだ。妊娠第四月には、通常、歯茎の内側の歯蕾の内側に固い「子どもの歯」ができる。そうした歯の一つあるいは複数は、生まれる前に生えることもある。文化によっては、歯が生えて生まれる子を幸運の印と見ることもあるし、奇形とみなすところもある。歴史的には、イギリス人は子どもの顎に歯が一本か二本生えて生まれるのは非常によいことだと見ることにした。リチャード一世王はライオンの心臓を持って生まれたというが、ウィリアム・シェイクスピアが『ヘンリー六世』第三部にリチャード三世について書いたところでは、「おまえが生まれたとき、口には歯があった。世界をかみ切るべく生まれたことを表すために[21]」。

最初の歯は生後二か月ほどで歯茎から生え出る場合が多く、そのとき痛みを伴うので、親はいく晩も眠れぬ夜をすごすことになる。最初に出てくるのは下顎の二本の門歯だろう。その後相対する上顎の歯が生え、その脇の歯、犬歯、奥歯が続く。二、三歳になると第一生歯が生えそろうが、これは数年後には永久歯に押し出される。もちろん永久と言っても永久度は歯の衛生度によって違う。親知らずを含む大臼歯でおもしろいのは、それが乳歯をなくす代わりに出てくる代替の歯ではないことだ。それは、猫の大臼歯が人間で言えばおおよそティーンに相当する六か月で生えてくるのと同じように、長じてから姿を見せる永久歯だ。

人間の歯は、仲間の動物の歯と同様、それが行なう仕事で名づけられる。まず正面の上顎にある四本の前歯と、その直下の下顎にある同様の少し小さい歯。この切歯（インシザー）はラテン語で「切る」という意味の*incidere*（インシデレ）に由来し、肉を切り取ったり、人参を噛み切るときに必要な道具となる。犬歯（ケイナイン）は尖った歯（カスピッド）とも呼ばれ、比較的長い先が尖った歯で、切歯の両側に一本ずつある。それを犬歯と呼ぶのは、もちろん犬や猫の歯と似ているからだ。この歯を持つ犬猫、人間、他のすべての動物は、切歯で食べるものを切り取るとき、犬歯でそれをしっかり保持している。犬や猫では、この歯は大きくて獰猛に見え、その動物の心理状態を示す印としても使える。「牙をむく」とはただの言い回しではなく、動物が攻撃を表示するために行なうことだ（人間はややこしく、牙をむくときは、笑顔で人を近寄るよう招く場合も、しかめ面で人を遠ざける警告にする場合もある）。次に並ぶのが、短く平らな二尖頭歯（バイカスピッド）〔小臼歯〕で、ラテン語で2を意味する*bi-*（ビ）と、先端を意味する*cuspis*（クスピス）に由来する。この「小臼歯」は奥の平らで幅のある「大臼歯（モラー）」へと食物を送り込む。これはラテン語ですりつぶすものを意味する*molaris*（モラリス）に由来する。固い穀粒、種、野菜、果物を与えられたときに最も力強くすりつぶす。

歯列弓を四つに分割すれば〔上下それぞれを左右に分ける〕、たいていの哺乳類は、各部分あたり、二

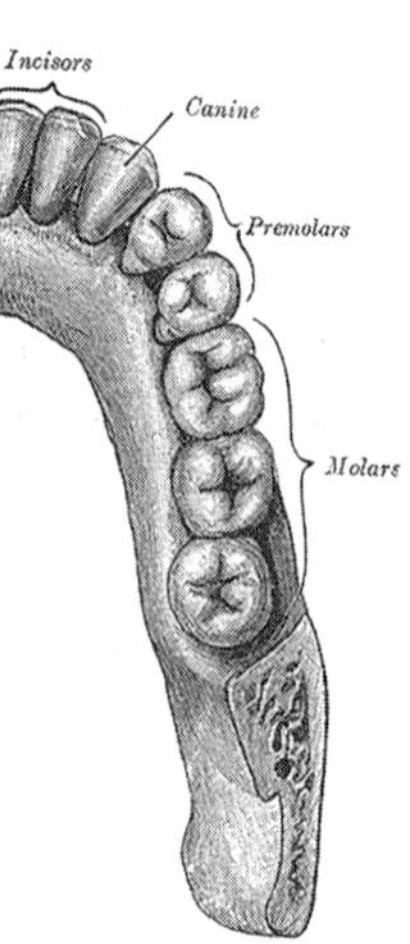

ヒトの歯、Gray's Anatomy, 20世紀版（1918）

本か三本の切歯、一本の犬歯、四本の小臼歯、三本の大臼歯となる。式で表せば、人間は2：1：2：3、他の哺乳類なら3：1：4：3となる。歯の形が種ごとに異なるのは、動物が違えば食べるものも違うからだ。犬は人間と同様雑食性なので、歯は必要に応じて丸かったり、平らだったり、尖っていたりする。ところが猫科の動物は、猫からライオンやトラに至るまで肉食で、歯はすべて鋭く尖っている。馬のような草食動物は、他の動物と比べて、広がって平らな、穀物などをすりつぶすのに優れた歯を持つ。

四本の第三大臼歯があろうとなかろうと、歯があるとなれば、問題は、それを保つ余地を残せるかということになる。残せないなら、その代わりをどうするか。

ジョーズがすごいのは、あの大きな歯を一揃い持っているところではなく、つねに新しい歯を伸ばしているところだ。これに対して、ゾウには、「移動歯」と呼んでもよさそうなものがある。通常の厚皮動物「ゾウ」の口には牙を含めて二四本の歯があるが、一度に四本しか使わない。それがすり減ると、奥の歯が前に移動して交代し、それぞれの歯はゾウの口の前面に達すると抜け落ちる。ゾウの第一大臼歯と第二大臼歯は生まれたときに定位置に着いている。一年か二年で第一大臼歯が抜け、第二大臼歯は六年後に抜ける。それから第三、第四、第五、第六大臼歯が順番に現れ、その後抜ける。最後の第六大臼歯はゾウがだいたい六五歳にのときに抜け、歯がなくなると、嚙む力もなくなり、動物の世界では結局死ぬことになる。[22]

アメリカ口腔顎顔面外科学会の第三大臼歯専門部会を率いるルイス・ラフェットーは、かつて私たちの親知らずはゾウの移動大臼歯のようにふるまっていたかもしれないと言う。「親知らずはスペアタイヤのようなものだと言う人もいる」と言い、歯科医学が十分に進んで、老齢になるまで歯を残しておけるようになるまでは、親知らずが追加で口の隙間を埋めて、ちゃんと嚙み続けられるようにしたと記している。もちろん、人間は人間の始まり以来ずっと歯を失ってきた。糖分の多い加工された食べ物が多くなることによる虫歯や、歯茎を熱して緩める喫煙でそれがさらに加速されている。幸い、人間はまあまあ受け入れられる代替品を開発することもできた。

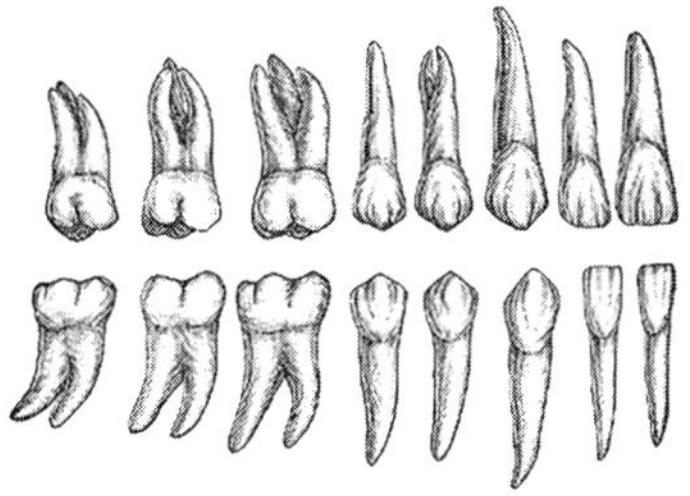

二〇〇〇年以上前、エトルリア人は貴金属でできたブリッジをつけた。もっともこれは、失われた歯の代わりというよりは、富と地位を見せつけるためだった。エジプト人はもっと実用的で、切り出して作った代用の歯を口の中に残っている歯に金線でつないだ。一八世紀、フランスの外科医で、一般に「現代歯科学の父」と言われ、針金による曲がった歯列の矯正器具を発明したとされるピエール・フォシャールが、象牙や骨を切り出して作った歯が代用品として優れていると唱えて、ことは本格的になった。[23] 最終的には、人は本物の歯の方がよいことで合意した。歯医者は最初、処刑された犯罪者

ヒトの歯、Gray's Anatomy,
20世紀版（1918）

から抜いた歯を使ったり、盗掘で死体から歯を抜いたりした。これは歯とともに梅毒などのひどい病気も感染させる可能性も伴う慣行だった。そこで（比較的）健康な歯が求められるようになる。戦争は供給源として優れていた。ワーテルローの戦いでは五万人以上の戦死者が出たが、その歯は――本当に死んだ兵士のものと願いたい――競って歯を抜いた死体あさりの人々の手で生きることになる。「ワーテルローの歯」と呼ばれるブリッジを作るためだった。それは「南北戦争の歯」とも呼ばれた。大西洋の向こう側で、初代アメリカ大統領が一七八九年、五七歳のときに、一本の歯しか残っていない口で就任の宣誓をしてから一世紀後、同様の探索回収業務が行なわれたからだ。[24]

イギリスの外科医ジョン・ハンターは、著書の『人間の歯の自然史』（一七七八）で、生きた人の歯を別の人に移植できるかと思考を巡らせ始めているが、[25]ワシントンにとっては残念なことに、移植が実現するのは、宣誓の一六五年後、組織適合と拒絶反応が発見された後の一九五四年一二月、ボストンのブリガム病院でジョセフ・マレーとデーヴィッド・ヒュームによって、最初の臓器移植、このときは腎臓が、生きた提供者から生きた患者に移植されて成功してからのこととなる。[26]

しかし自分の体内で自分用の代替品を育てることができたらどれほどよいことか。再生（失った部品の代わりにするために新しい部品を育てる能力）は、動物界の一部では比較的ありふれている。トカゲは尻尾を再生することができる。クモやヒトデは失った脚を再生できるし、イセエビやカニは新しいはさみを作れる。扁虫（ひらむし）やカイメンをばらばらに切っても、それぞれがあらためて完全な体になる。歯に関して言えば、サメは一生新しい歯を作り続けるし、人がワニの口から自分の再生しない腕を失うことなしに歯を一本抜くことができれば、そのワニは五〇回までその歯を再生させる。

そんなことができるようになるだろうか。

歯科医はその研究をしている。

ボストン大学ヘンリー・M・ゴールドマン歯科医学部では、歯内治療学者のジョージ・フアンとメイ・アルハビブがまさにそれをしようとしている。二人はまず、自然に抜けて、放っておけば歯の妖精が集めてただ捨てるだけの乳歯から抽出した幹細胞を元に、歯髄（歯の内部）と象牙質（エナメル質の直下にあるそれほど硬くはない層）を育てようとしている。最終的には幹細胞が抽出されて、後に歯の修復が必要になるときに使えるように冷凍保存できると思っている。フアンとアルハビブは親知らずからも幹細胞を採取して、人の歯用の小さなスポンジにセットし、それを実験室のマウスの体に入れて、細胞を育てるのに必要な血液を供給させるということもしている。この処理がうまくいけば、三か月後、歯髄と象牙質のそろった歯がマウスから取り出される。次の段階は、これをもっと大きな動物、たとえば豚などで試し、いずれ将来は人間で試そうということだ。フアンは、「最近はインプラントが非常に成功しており、歯を抜いて、インプラントを入れるだけですむ。しかしこの段階までくるには三〇年から四〇年かかった。三〇年かかっても、将来、技術が成熟すれば、歯を丸ごと再生できてインプラントに代わることになるかもしれない」と言う[27]。

あるいは数百万年後の未来には、私たちは歯のことはまったく忘れて、鳥の後を追って嘴動物界に入っているかもしれない。「歯とは違い、嘴は虫歯になったり、削れたり、抜けたりしない。そのため嘴の方が丈夫で実用的である」と、シェフィールド大学（英）の生物学者、ガレス・フレイザーは言った。自分の言っていることを裏づけるように、フレイザーはフグを調べている。棘（とげ）があり、猛毒のこの魚は、生まれたときには歯があるが、それはすぐに嘴に形を変え、殻をこじ開け、魚を噛み切るようになる。フグは絶えず歯のような物質を生産して嘴の損傷を修復できるようにする細胞も持っている。フレイザーはそれを「歯の妖精」細胞と呼び、それは人間の歯にある細胞に似ているので、フグには、私たちの体でも歯を修復できるようにする秘密があるかもしれないと考えている。シェフィールドの科学者チームは、サメがほぼ永久的に新しい歯を生み出すのに使う細胞も分離している。そうした発見を人間に適用できれば、治療のことは忘れ、新しい歯をもらって、一件落着ということになる。嘴は長持ちするが、フレイザー博士は自分の歯を残したいという。「私は自分が持っている歯の形で満足している――もっともそれがもっとあればよいと思うが[28]」。

最後の一口

第三大臼歯が生えない人は三分の一もいる。あるにはあるが、歯茎から顔を出さないというのではない。そもそもないという人のことで、そこから疑問が生じる。私たちはダーウィンが正しいことを証明して、ただ三二本の歯の人類時代を通過して進化をしている途上なのか。

必ずしもそうではない。

その失われた歯の一部は、進化のせいで失われたのではなく、現代歯科医学のおかげかもしれない。歯はまだ子宮にいるときに発達を始めていて、胎児が親指をしゃぶり、後で曲がった歯並びを正す歯列矯正を受ける準備をしていることもある。しかし第三大臼歯はこの規則には従わない。こちらの歯は六歳から七歳になるまで、奥の顎の歯蕾で成長を始めることもない。その結果、歯の研究者の中には、レーザーや現代の医薬品を使ってこの成長過程を止め、歯をなくすことができるのではないかと考える人々もいる。そして二〇一三年、タフツ大学歯科医学研究科のアンソニー・R・シルヴェストリ二世とジェラルド・スウィーニーは、『アメリカ歯科医師会ジャーナル』誌に論文を発表して、歯科で局所麻酔薬を注射するのに恒常的に用いられる針が、偶然に親知らずの歯蕾に刺さり、そこで親知らずを殺していると唱えた。これはシルヴェストリとイクバル・シンが二〇〇三年に得た、二〇〇人以上の幼い患者をX線撮影して、二人は、局所麻酔を受けたことがない場合、生まれつつある親知らずがあったのは九九パーセント未満で、注射を受けた場合の八パーセント近くはそれがなかったという結果を確認した。[29]

生まれつき親知らずのない三分の一も、歯科医療が親知らずを育たないようにする八パーセントも、第三大臼歯を除去する手術を受ける必要がないのはよいところだ。問題は、そう説く人もいるように、親知らずをすべて取り除いてしまうべきかということだ。今のところ、医療費がかさむ除去手術を何億例も行なう必要があるということ以外の目的には役立っていないように見える。そしてもう私たちは虫歯予防をどうすればいいかだいたいわかっているし、予防が失敗してもインプラントのような高度技術も利用できるので、第三大臼歯を失った歯の代替として必要とすることもない。

しかし、本当の疑問は、金銭的なことや医学的なことではなく、歯にとっての生物学的な問題だ。シルヴェストリとシンフがその研究で問うように、歯が少なくなることに利益はあるか？

何と言っても私たちは雑食性で、最新の保健衛生上の勧告では、硬くて繊維質の食べ物、つまり野菜や果物や全粒穀物を食べるのがよいということだ。そうした食べ物は噛む必要がある。噛むには大臼歯が必要で、おそらく多いほど快適だろう。したがって、親知らずを失うのは、進化で人は強くなるのであって、弱くなるのではないというチャールズ・ダーウィンが信じたことには反するかもしれない。
もしかすると、親知らずを人間の顎からなくすように交配しようとするよりは、食餌に昆虫やときには小動物が含まれるとはいえ、主に植物性で、日々、木の実や種子や葉や果実を噛んでいて、顎を強化しているチンパンジーなど類人猿の親戚の例にならう方がいいかもしれない。確かにダーウィンは親知らずは痕跡的だと言った。しかし実際には、消えつつあるのは歯ではなく、顎の骨なのだ。それはずっと縮小していて、それは私たちのあまり熱心に噛まなくなった食生活という変化のせいかもしれない。食べるものだけではない。柔らかい革商品の登場がイヌイットの女性の口腔の解剖学的構造に影響しているのではないかと考える人がいる。イヌイットの女性は革を噛んで柔らかくするのが伝統で、それによって余分の歯が生える余地のある顎を生んできた
要するに、前に進むのであれば、最善の選択はニューイングランドのピーター・ブラウンの実践的な言葉に従うことかもしれない。「私は人類学者なので、子どもには食べ物をよく噛めと言っている」。

あの歯の名

以下の人々は	第三大臼歯をこう呼ぶ	その意味は……
古代ギリシア人	sophronisteres	賢い（sophron）歯
ローマ人(ラテン語)	dentes sapientiae	知恵の（sapien-）歯
アラブ人	ders-al-a'qel	心の歯
ドイツ人	Weisheitszähne	知恵（Weisheit）歯
フランス人	dents de sagesse	知恵（sagesse）歯
インドネシア人	gigi bungsu	末っ子（最も新しい歯）
日本人	oyashirazu	親は知らない（子が独立する年代のことを言う）
韓国朝鮮人	sa-rang-nee	恋（サラン）の歯〔そういう年頃のことを言う〕
スペイン人	muelas del juicio	分別（フイシオ）の歯
タイ人	fan-khut	詰め込まれた歯（奥に固まっている歯）
トルコ人	yirmi yas disleri	20歳歯

［出典――"Wisdom Teeth―Word of the Week," *Kaplan International English*, July 4, 2012,
http://www.kaplaninternational.com/blog/wisdom-teeth-word-of-the-week/］

第7章　なくてもよいもの

「なかったらよかった四つのもの。恋、好奇心、そばかす、疑い」

——ドロシー・パーカー（一八九三〜一九六八）

私たちの誰とも同じく、チャールズ・ダーウィンは時代の子だった。ありあまる知性が観察の作業を導いたが、体のしかじかの部品が痕跡器官であると判断する試みは、当時の最新の科学に妨げられた。それから二世紀近くたって、私たちの組織や器官はおおむね、六つのカテゴリーに分かれることがわかっている。

- 生死にかかわり、取り替えがきかないものが一つ。
- 生死にかかわるが取り替えがきくものがいくつか。
- やはり生死にかかわるが、幸いに余裕があるものがいくつか。
- 使用はしているが、なくても生きられるものがいくつか。
- 自然が私たちをそういうふうに作ったのだからという以外に推奨するところは何もない、まったくの無用のものの例が四つ。
- 議論の余地なく痕跡的なものが少なくとも一つ。

唯一無二の脳

ヒトデのようなわずかな例外を除き、アリでも人類でも、動物は左右相称で、体は正中線で分けられ、眼、耳、腕、脚など、二つ一組の部品がそれぞれの側に片方ずつある。これだけで、何が必要で何がそうでないかを見分けるためにチャールズ・ダーウィンが必要とした完全な設計図になるのではないかと思われるかもしれない。実際には、当時もそうはならなかったし、今もそうではない。すべてが左右等しくできているわけではないからだ。

人間の脳を考えよう。まずは人は脳の一〇パーセントしか使っておらず、残りも使ったら、アインシュタインなみに頭がよくなるという説。この医学神話は、ハーバード大学の医師、精神科医、哲学者のウィリアム・ジェームズ（一八四二～一九一〇）が書いたものから広まったらしい。ジェームズはあるとき、何気なく、私たちは自分の知能をすべて使っていないと述べたことがある。[1] この考えは、二〇世紀半ばのラジオ解説者、ローウェル・トーマスによって広められ、人気を得た。トーマスは、自分で一〇パーセントという数字を加え、それを人間関係論の先駆的達人、デイル・カーネギーによる一九三六年の自己啓発本、『人を動かす』〔山口博訳、創元文庫（二〇一一）など〕という著書の序文に入れた。

現代のＰＥＴ（ポジトロン造影法）によるスキャンでは、脳の活動している各部分がタイムズスクェアの「動く」電光板のように次々と光ることによって、画像が得られる。その像では動作しているのは一区画だけに見えるが、実際には脳のいろいろな部分にある細胞どうしの接続がつねに動作している。数学パズルを解いているときに脳のある部分が明るくなり、音楽を聴いているときには別の部分が明るくなるが、それはどの部分の動きが最も活発かを明らかにしているだけだ。その画像は明るく灯る何億という神経細胞の間に起きている一連の多数のやりとりを示してはいない。

この驚異の脳は取り替えがきかないが、両半球の一方を失っても生きられる。ただ、活発な機能に差ができるらしい。なぜなら両半球は、似たように見えて、実際には別々の仕事をしているからだ。左半分は数学や言語のような知的作業を行なう能力を司る。右半分は創造的、直観的な機能を司る。加えて、脳の右側は体の左側の筋肉を制御し、左はその逆となる。脳の一方の側に損傷があれば、運動能力の欠陥は反対側に現れ、一部の機能は新たな神経接続で回復するかもしれないが、元の器用さや力が完全に戻ることはめったにない。[2]

証拠として、大脳半球切除という、発作性疾患の改善や脳腫瘍の摘出のために脳の半分を取り除くというめったにない外科手術を考えよう。この処置が行なわれるのは、ほとんどてんかんの子どもだ。子どもの脳は成人の脳より「可塑性」、つまり、失われる半球で以前行なわれていた仕事を引き継ぐのに必要な神経細胞どうしの新たな接続を確立する力が大きいからだ。この手術後、患者は生還するが、どちらの半球を失ったかによって、卒中の患者のように、言語障害を生じたり、周辺視覚を失ったり、体の反対側の感覚や運動能力が減退したり、といった問題が生じる。

もちろん、この原則の例外もある。「フランスのある男性は、標準的な人の一〇パーセントの脳で生きていることがわかってから一〇年近く、科学者を悩ませ続けている。この例が最初に発表されたのは、二〇〇七年の『ランセット』誌でのことだったが、ブエノスアイレスで行なわれた国際意識科学会「の二〇一六年六月に行なわれた第二〇回年次会」で紹介されている。当初の研究の時点で、患者は四四歳で、左足が弱っていた。医師は診察して、神経細胞の約九〇パーセントが破壊されており、頭蓋骨の大半を液体が満たしているのを知った。医師はこの症例は水頭症というよく似た脳の障害の結果起きた可能性が高いと見た。また本人も赤ん坊のとき、それにかかっていた。脳の実質が減っているにもかかわらず、この男性は比較的通常の生活を送っていて、公務員となり、結婚もして、子どもは二人いる。知能検査のスコアは七五で、これは低いが障害とは言えないと考えられる。最近の学会では、認知心理学者のアクセル・クレールマンスが、このまれな例は、脳は損傷についてもどれほど適応可能かを示すと論じた。CBCの記事では、クレールマンスが、この症例は『医学の奇跡――だが、意識についての理論には大きな難問でもある』と見ており、『……脳は絶えず、また無意識に、その活動をそれ自身に繰り返し記述することを学習し、その記述が意識経験の基礎をなす』と説いているという[3]。

あるかぎりの脳は、使ってもらうこと以外にはほとんど何も求めない。「使わなければなくなる」という言い回しは冗談のように聞こえることもあるが、脳の灰白質に関しては、もうちょっとまじな話かもしれない。年を取れば認知機能がいくらか減退することは誰でも知っている。最も納得できる説明は、記憶の引き出しを整理するには時間がかかることはご存じでしょ、ということだ［年を取って積み重なる経験の記憶が増えれば、それを整理して取り出すのに時間がかかるということ］。とはいえ、多くの研究が示すところでは、脳の老化を防ぐ方法の一つはそれを使うことだという。通常の老化の問題と重篤な認知症との違いは、「鍵はどこにある?」と「鍵って何に使う?」の違いだと神経学者は言う。数学やクロスワードパズルを解いても後者の予防にはならないが、前者には役立つかもしれない。あくまでかもしれないだが。

しかし両半球がなくなればおしまいだ。脳移植のようなことは今のところない。他の皮膚、骨、器官や組織といったものについても、将来奇跡があるかもしれないが、今のところ、どんなに進んだ補綴術でも、対になったいくつかの部分の一方についてでも、〔脳とつながっていなければ〕完全な代替にはならない。義眼はよくできているようだが、見ることはできない。義足は競走に参加できるようにするが、地面を感じることはできない。利き手を失うと問題が生じるのは、「どちら利き」は脳に発するもので、指の話ではないからだ。

取替え可能／修復可能

アリストテレスは経験を重んじる研究者で、証拠なしには信じなかった。紀元前四世紀後半のある時期に書かれた『動物発生論』（*De Generatione Animalium*）〔島崎三郎訳、岩波書店アリストテレス全集第9巻（一九六九）所収〕には見事な例がある。受精卵を割って、動物の器官の発生を観察し、記録した記述だ。アリストテレスは最も重要なのは心臓だと見て、それを熱く、乾いた、三室からなる器官で、知性と運動と感覚が宿ると記述している。他の脳や肺のような生死にかかわる器官については、心臓が機能するように冷却するためだけに存在すると考えた。その二〇〇年後、ガレノスがそれに賛成して、『身体諸部分の用途について』（*De Usu Partium*）〔坂井建雄、池田黎太郎、澤井直訳、京都大学出版会（二〇一六）〕に、「心臓は言わば動物が支配される固有の熱の炉であり源である」と書いた。[4]

もっと正確に言うと、心臓は体のエンジンで、人の場合、毎日一〇万回以上鼓動し、酸素を含んだ血液を長さが何キロメートルもある血管に送り出して養分を届け、老廃物を回収する。生死にかかわるとはいえ、脳とは違い、心臓は移植で入れ替えできることがある。毎年、世界中で、外科医はこの種の手術を三五〇〇例ほど行ない、アメリカでは二〇〇〇例ほどある。辛く長い待機期間を経てということも多い。

がんを摘出するなどで胃全体を除去する場合、外科医は小腸を直接食道につなぎ、回復すれば、少量の食事がとれるようになる。大腸がんなどの損傷のある大腸を除去する手術の後、残った部分を皮膚に開けた穴につなぎ、そこに容器を取り付けて便を取ったり、小腸に袋を作って直腸につなぎ、自然に排泄ができるようにしたりする。二〇〇六年、ウェイクフォレスト大学医学部とボストン小児病院の生物学者は、患者自身の細胞から育てた、生体工学による膀胱を移植する試験を行なったことを報告した。[5] 二〇一四年、スウェーデンの外科医チームが、何度か失敗した後、子宮の移植を九例行ない、移植を受けた患者が妊娠できるようにした。[6] 体にある腺には一つだけのものや、多葉性のものもあるが、一つを失ったり、機能低下したりすると、機能しない膵臓の代わりに足りない分をインスリン注射したり、動かなくなった甲状腺の代わりに甲状腺ホルモンを使ったりするホルモン療法で埋め合わせることもありうる。

（ほとんど）間違いなく余裕がある

対をなす体の部分は、一つが欠けても、両方ともある場合ほどではなくても、間に合うものもある。

移植待機者リスト、アメリカ、2016年4月26日午後12時14分現在

合計*	120,991
腎臓	100,106
膵臓	1,005
腎臓／膵臓	1,911
肝臓	14,711
小腸	266
心臓	4,130
肺	1,455
心／肺	44

＊ 患者の中には複数の臓器を必要としている場合があるので、合計の人数は、それぞれの待機中の人々の合計よりも小さい。

［Source: HHS Organ Procurement & Transplantation Network, https://optn.transplant.hrsa.gov/data/］

片方の眼を失っても、見ることはできる。しかし失った方の眼の側の周辺視は失うし、両眼視の産物である奥行知覚は損なわれる。

片方の耳だけでも聞くことはできるが、立体感はなくなり、背後から近づく足音が左からか右からかを判定するのには、何分もかかることがある。

片方の腎臓だけでも体内の老廃物を漉し取ることはできるが、高血圧のリスクは高まるし、ボクサー、レスラー、フットボール選手、総合格闘技のスターだったら、残った腎臓を守るために競技人生の選択を考え直したくなるだろう。

肺も片方あれば呼吸はできる。フランシスコ教皇は、十代のときに感染症のために片方の肺の大部分を失ったが、二つには足りない肺でも十分にやっていけている。しかし二つのときより持久力が落ちる可能性は高くなる。

手足の指が一本、二本なくても、手足、腕、脚が片方なくても生きることはできる。心臓が鼓動し脳が機能し続けるかぎり、実際には手足の指二〇本すべてなくても、両手、両足、両腕、両脚がなくても、完全に意識のある状態で頑張ることはできる。もちろん望ましい状態とは言えないが。

他方、睾丸や卵巣が片方だけでも、生殖能力や性生活はまったく問題なく享受できる。

使われているがなくてもよい

なすべき正当な任務があるが、その器官などをなくしても、他の部分が介入して不具合を処理するため、なくてもおそらく困らないという器官、部分もある。

胆嚢　胆汁は緑や黄色がかかった茶色っぽい液体で、肝臓で作られ、胆嚢に蓄えられる。人が何かを食べると、胆嚢は蓄えた胆汁をいくらか放出し、放出された胆汁は胆管を通って小腸に流れ、そこで脂肪の消化を助ける。残念ながら、胆嚢ではときどき、胆汁の色素、コレステロール、カルシウムが混じり、固い結晶質の「石」になることがある。これが胆管を塞（ふさ）ぐと痛く、感染症を起こすこともある。胆嚢摘出（コレシステクトミー）（ギリシア語の「*chol*（コル）」は胆汁、「*kystis*（キュスティス）」は袋、「*-ektomia*（エクトミア）」は切り取るという意味）は、胆嚢を外科的に取り除き、石を除去するが、胆汁の恩恵が受けられなくなるわけではなく、肝臓から小腸へ直接流れ込むことになり、違いがわからないほど効率よく機能する。

脾臓　魚類も含め、実質的にすべての脊椎動物に脾臓がある。[7] 人の脾臓は長さが一〇センチほどの茶色っぽい器官で、腹部の上側、胃の隣にある。脾臓は腺ではなく、リンパ系の一部として機能し、赤血球を代謝して古い赤血球の鉄分を再利用し、要らなくなった古い細胞を捨て、余分の血液の受け皿となって、万一緊急の大出血があったりしたときには使えるようためておく。脾臓は白血球（リンパ球とマクロファージ）で感染にも対抗する。白血球は、死んだ組織、細菌などの異物を取り囲んで破壊することによって、保護・回復の作用をする。しかし、全身性エリテマトーデスや鎌状血球貧血など、脾臓がドライフルーツのように萎（しぼ）んでしまう病気になると、あるいは脾臓が事故や競技場で回復不可能なほど損傷を受けたとき、それは安全に摘出することができて、感染のリスクは上がるとは言え、健康に生きることはできる。確かに、免疫力はいつも最新の状態に保っておきたいし、医師は外科手術の前やけがの後に抗生剤を服用するよう言うこともある。もちろん、他の体の部分と同様、脾臓にも変わった属性がないわけではない。たとえば、自動車事故に遭ったり、腹部を強打されたりして、脾臓がひどくやられ、脾臓摘出するしかないということになったとしよう。そこで、脾臓の小さなかけらが剝がれて、体内に残ったとする。すると、脾臓本体ではなくかけらが大きくなって、血球を作り始めることになる。さらにおもしろいことに、一〇人に一人から三人は、第二の「副」脾臓を持っている。[8,9] 主脾臓よりも小さいが、やはり赤血球を漉し取って捨てつつ、感染症に対抗する白血球を提供できる。

足の小指　「えーん、えーん、えーんとおうちに帰るまでずっと」泣いていた子豚〔足の指を使った数え歌で、小指の部分の歌詞〕、足の小指もなくてもやっていけるが、慣れるまでには少し時間はかかるかもしれない。この指は、手足の指を使って木の枝をつかみ、樹木を渡っていく類人猿にとっては大事なものだ。人間は枝にぶらさがって樹木を渡らず、足で立って、それぞれの足の指から足の中心に伸びる五本の長い中足骨によって安定させる。足の小指そのものを取り除いても、それがつながっていて、バランスに影響する中足骨を取り除かないように外科医が気をつけるかぎり、大変なことにはならない。

高度に適応可能な雄の乳房　「人間を含むすべての哺乳類の雄に痕跡的な乳房が存在することはよく知られている。それが十分に発達して、多量の乳を出す例もいくつかあった。それが両性で基本的に同じであることは、はしかにかかったときに、それに感応した一時的な肥大が両性ともにあることによっても示される」と、ダーウィンは『人間の由来』に書いている。[10]それでもダーウィンは、通常の生活では、雄の乳房と乳首はまったく無駄な組織だと考えていた。そう考えるのはダーウィンだけではなかったし、今でもそうだが、それは間違っていたし、今それに追随する人々も間違っている。馬、単孔類（カモノハシのような卵を産む哺乳類）、ドブネズミ（*Rattus norvegicus*〔ラトゥス・ノルウエジクス〕）やふつうのイエネズミなど一部の齧歯類といったわずかな例外はあるが、哺乳類の雄は乳房と乳首を、子宮でまだ雄か雌かも定かではないときの名残として持っている。[11]そして驚くことに、そうした組織が機能することもある。雄が自然に乳を分泌する例はインドネシアのオオコウモリだけだが、信じようと信じまいと、しかるべき条件下では、ヒトの雄の乳房も機能させることができる。仕掛けはホルモン、とくにプロラクチン、またの名を黄体刺激ホルモンという、母乳の生産を刺激するタンパク質にある。プロラクチンは下垂体という、鼻の奥、脳の基底部の空洞にある、エンドウ豆ほどの大きさの二葉からなる腺で生産され、分泌される。あらためて言うと、下垂体は脳のように二葉性であり、それぞれに異なる機能を持つが、どちらも重要な部分で、この二つで一組になっている。後葉は、体内の液体バランスを調節する抗利尿ホルモン（ADH）を作る。

前葉は成長ホルモン、甲状腺刺激ホルモン（ＴＳＨ）、副腎皮質刺激ホルモン（ＡＣＴＨ）、プロラクチンを出す。一九八四年、トロント小児病院にカナダ初の病院の診療科として母乳授乳外来を設けた小児科医のジャック・ニューマン[12]は、抗精神病のソラジン®などの医薬品を服用すると、下垂体が分泌するプロラクチン濃度が高まることがあることを明らかにした。プロラクチンの濃度を上げる薬品には、心臓用のジゴキシン、アミトリプチリン（Elavi®）などの三環系抗うつ剤、抗統合失調症薬のリスペリドン（RisperDAL®）、モルヒネやアンフェタミンなどのさまざまな鎮痛剤、抗嘔吐薬のシメチジン（Tagamet®）、高血圧治療に用いられるいくつかの薬（レセルピン、ベラパミル、メチルドパ［Aldomet®］）があるし、他にもある。下垂体腫瘍も体のプロラクチン濃度を上げて、やはり男性の母乳分泌を引き起こすことがあるらしい。劇的な肉体的変化で同様のことが起きることもある。一例が飢餓で、この場合、過剰のホルモンを吸収する肝臓の能力が影響を受ける。通常の食物摂取が回復すると、体の各腺は肝臓よりも早く復旧し、プロラクチン濃度が上がって雄の自発的母乳分泌を起こすことがある。第二次世界大戦後に強制収容所から生還した人々に見られた現象だ[13]。

包皮　最後は、なくてよいものの王様、包皮。男性の割礼と、もっと痛ましいクリトリスを取り除く女性器切除が宗教的儀礼の地位を得た理由ははっきりとはわかっていないが、古代の父系社会では、セックスが男性にとっては快感を増し、女性には快感を減らすようにすることが一つの目標だった、と推測しても無理はないかもしれない。単純に、大人への入り口として、麻酔なしで外科手術をしても痛みに耐える能力を示すためだったと推測する人々もいる。軍服で体すべてを覆うわけではないような戦闘といった状況では、男性の割礼は敵味方を一目で見分ける方法となったこともある。どの説明を好もうと、実際にはやはり、間違いなく包皮は無用のものではない。男児が生まれた瞬間から、あるいは子宮にいるときからと言う人もいるが、この皮膚による覆いは、ペニスの敏感な先端を保護する。科学者は何でも調べるので、男性の割礼が性的快感を下げる、あるいは高める、このどちらについても証拠となるデータがあると聞いても驚かないだろう。それぞれの見解を補強する[14]相反する論拠もある。しかし、同様に重要で、さらに信頼できるデータが、包皮を取り除くことで、腎臓の損傷になりかねない尿路感染のリスクを下げたり、ＨＩＶなどの性感染症のリスクを下げたり、陰茎がんや子宮頸がんのリスクを下げたりなど、健康に利益となることを示している。その結果、男性の割礼を女性のもっと過酷な場合と同列に見る包皮擁護派もいるが、二〇一二年、アメリカ小児科学会（ＡＡＰ）は、新生児すべてに慣行として割礼を施すことは推奨しないが、その利益はリスクを上回ると言っている。[15,16]クリトリス切除について同様の医学的根拠に達した例はない。

四つの（実にまったく）役に立たない人体の部分

以下に挙げた軟骨、骨、軟部組織でできた四つの部分は、冒頭のドロシー・パーカーの言葉ほど詩的ではないが、ダーウィンは、それが突然、魔法のように消えたりしても、人体には差し支えないものに含めた。

喉仏（のどぼとけ）　甲状腺の上にあって、喉頭を包む骨っぽい軟骨、つまり喉仏は、男にも女にもある。違いは、男の喉頭の方が大きいので、喉仏も目立つということだ。しかしこれには、恐れや興奮や喜びのような情緒的なきっかけに応じて目に見えるほど大きく上下に動いて体の邪魔になる以外にはまったく使い道がない。喉仏が「アダムのりんご」と呼ばれるのは、イブがアダムに禁断の木の実を与え、それを一口かじってかけらが喉にひっかかったからだという話は知っているだろう。それならイブのりんごと言うべきではないか？　しかしそうは言われていない。

余分の肋骨　胸郭は心臓、肺、腎臓を保護する枠であり、胴体上部や腹部を走る多くの筋肉にとっては丈夫な付着部位だ。そのためには、実際のところ何本の肋骨があればいいのだろう。実際にあるよりは少なくてよい。チンパンジーやゴリラには一三対の肋骨がある。人類は原則的に一二対で、もちろん男は女より一本少ないということはない。この神話は、イブを造るためにアダムが肋骨を一本取られたという話に基づいていて、広く受け入れられていたため、人体解剖が広まって男女とも肋骨の数は同じということがわかってショックを受けた人もたくさんいた。もちろん、原則には必ず例外があり、性別によるわけではないにせよ、一二対を超える肋骨を持つ人はいる。通常の胸郭の上にある第一肋骨と考えられるもののさらに上に頸部（首）肋骨が余分に一本か二本ある人は、五〇〇人に一人から一〇〇人に八人の間のどこかの割合でいる。これは多ければよいというものではない例の一つだ。この余分の肋骨がしていそうなことといえば、付近にある血管や神経を押して圧迫し、肩こりや首の痛み、あるいは腕や手の痙攣やひきつり、さらには血栓を生じ、ときには鉛筆などの物をつかんで保持するための指の運動能力を下げることだけだからだ。

さまざまな筋肉　ダーウィンは、耳介筋に加えて、痕跡の候補となる筋肉組織を一式並べた。「さまざまな筋肉の痕跡器官が人体の多くの部分で観察されている。一部のもっと下等な動物には決まってある、少なからぬ筋肉が、非常に縮小した状態で人間にも見つかることがある」と、『人間の由来』には書かれている。ダーウィンが挙げたものには、「この筋肉の名残が有効な状態で人体のさまざまな部分に見られる。たとえば額の筋肉で、これによって眉毛が上がる」という皮層筋、「六〇〇体強の人体のうち約三パーセントに見られる［人間の胸の筋肉］胸骨筋（*musculus sternalis* または *sternalis brutorum*）」、「短趾筋［手の小さな筋肉］」、「頭皮にある表層の筋肉」がある。この最後に挙げたものは、「おそらく遠い、まだ人になりきっていない先祖から導かれた、まったく無用な機能の伝達がどれほど執拗かを示す好例となる。多くの猿は、上下に大きく動く頭皮があって、その力をしばしば用いる」[17]。

ダーウィンがどうやら言いすぎたらしいことを認識するには、額に皺を寄せてみたり、解剖学の教科書を見てダーウィンが言った胸の筋肉を調べたりするだけでよい。しかし、なくてもやっていける筋肉というのは確かにある。第一は鎖骨下筋で、これは人間の第一（最上段）肋骨から走っていて、いまなお四足歩行をしていたら便利になる。しかし私たちは四足歩行はしないので、それを使うわけではない。肘から手首に伸びる手掌筋は、木に上ったり、枝にぶら下がって渡っていくときには有効だったかもしれない。人間の一〇パーセント以上には、もうこの筋肉はない。確かにそれは人には必要ないので、形成外科医はそれを使って損傷を受けた他の部分の筋肉の代替とすることがあるほどだ。ふくらはぎの奥にある足底筋は足で掴んだり握ったりする霊長類にとっては役に立つ。人間はそうではなく、一〇〇人のうち約九人にはもうこれもない。最後に錐体筋というのがある。これは恥骨に付着する、ピラミッドのような形をした筋肉で、カンガルー、ワラビー、コアラ、タスマニアン・デビル、ウォンバット、オポッサムなど、生まれた子が上っていって十分に育つまでいる袋を持つ有袋類では有益となる。何度も言って恐縮だが、やはり私たちはそうではない。私たちの二〇パーセントは錐体筋を持っていないし、残りの八〇パーセントについても、それが必要な人は一人もいない。

生殖器の名残　ダーウィンはこう書いている。「生殖系はさまざまな痕跡構造をもたらすが、ここでは人類にとってついてはいるが有効ではない部分の痕跡ではなく、一方の性では有効だが、もう一方の性ではただの痕跡として現れるものを取り上げる。とはいえ、そのような痕跡部分ができることは、これまでの説のような、それぞれの種が個々別々にできると思っていたのでは説明しにくい」[18]。今日では、ダーウィンが知らなかったことまで知られている。発生のごく初期には、私たちは雄でも雌でもなく、ただ順次作業を進めているだけで、妊娠七週から八週頃に状況が変化する。その時点で、女性の染色体XXではなく、男性の染色体XYを持っていたら、Y染色体にあるSRY〔Yの性決定領域〕遺伝子が、性を決定するYタンパク質を放出させて、胎児に生まれつつある生殖腺が卵巣ではなく睾丸になるよう命じる。しかし組織が消えてなくなるわけではないので、全ての人類は、男女を問わず、片方の性の生殖器の機能しない名残を持って生まれる。男性は未発達の子宮が前立腺から垂れ下がっているし、女性は卵巣上体という、役目のない、封じられた管が卵巣付近にある。これは男性では輸精管となり精子を射精管、さらには尿道へ運び、待ち受ける卵子へと続く世界へ送り出す[19]。女性は、ガートナー管という、雄にある、精巣上体、輸精管、射精管、精嚢になる組織の名残があるが、女性では子宮結合組織と膣壁の間の層にひっかかっている。さらに、中腎輸管というあらゆる胚の初期に腎臓のようにふるまい、後に雄の胎児では、発達する睾丸の上に移動して、男性生殖器官の一部になる、生殖隆起を忘れないようにしよう[20]。

異論の余地なく痕跡的器官

フェロモンは動植物などの生物が「色男さん、こっちへいらっしゃい」といった心地よいメッセージの伝達や、「その線を越えたらすぐにぶっとばす」といった威嚇のために送ったり送り返したりする化学的信号だ。

屋内や庭にある植物は、人が話しかけたり歌を聴かせたりして元気に育てと励まそうとするのに反応しているかどうかはわからないが、他の生物には、植物生活のさまざまな場面で必須の役割を演じる植物フェロモンを介して、明らかに「話し」かけている。もちろん、最も重要なのは生殖の試みで、次に捕食者がうようよいる世界で生き延びようとすることだ。生殖の成果を確保するためには、植物は特定のフェロモンを出して、植物から植物へと飛び回り、どこででも、授粉して新たな生命、つまり新たな植物のための条件を生み出してくれる昆虫を引き寄せる。捕食者を避けることについては、日本女子大学（東京）物質生物科学科の関本弘之がこう説明する。「一部の植物は食べられるときに警報フェロモンを出して、隣接する植物にタンニンを生産させる。そのタンニンで植物は草食動物にとってはおいしくなくなる[21]」。

動物界になると、どんなに小さくても、どんなに大きくても、何らかの形で嗅覚によるメッセージに反応しているのは明らかだ。昆虫は、触覚を通じてフェロモンによるメッセージなどを受け取る。もっと複雑な動物は、鼻の裏側あるいは口蓋部にあって、ヘビ、犬、人などさまざまな動物に見られる二つの構造物、鋤鼻器官（じょびきかん）（*vomeronasal organ*（ボメオナザル・オーガン）＝ＶＮＯ）にある嗅覚感覚器で受け取る。何万年も前、人が四本の脚で進み続けるのをやめて二本の脚で立つようになったとき、もう情報を求めて地面の匂いをかぐことはなくなった。逆に、世界からのデータの重要な翻訳装置としては、視覚が嗅覚の代わりになった。視覚によって、眼前にあるものをそれと知覚する像を評価し、それに反応できるようになる。それもただ明暗や、固体か液体かだけでなく、匂いだけで敵か味方かを識別する場合よりも複雑な因子によって区別される、こちらに向かっているのか、あちらへいっているのかの違いもわかる。

そうするためには、私たちの、他のどの感覚と比べても、もちろん嗅覚と比べても、最も複雑な神経信号や反応といえるものが必要となる。そのため、鋭敏な視覚はVNOを不要のものにして、いずれは他の哺乳類のVNOよりもずっと小さくなることになりそうだ。たとえば犬のVNOは、四〇〇平方センチ近くもの面積になり、すべて細かい毛（繊毛）で覆われていて、三億個もの嗅覚器と、VNO受容器部位から信号を解読する脳へ繊維を延ばす神経がある。これと比べると、ヒトのVNOは数平方センチしかなく、感覚器の数も五〇〇万個程度で、鼻と脳を直結する神経接続はない。二〇〇四年、ドイツのマックス・プランク進化人類学研究所とイスラエルのワイツマン研究所の研究者グループが、ヒトのVNO遺伝子について約六〇パーセントを偽遺伝子とした（ヒト以外の霊長類のVNOでは三〇パーセント）。これは、フロリダ州タラハシーにあるフロリダ州立大学の神経科学者マイケル・メレディスの言葉を敷衍（ふえん）すると、これはヒトのVNO受容器遺伝子の多くがドードー鳥のように滅び、遺伝子のように見えるが不備なDNAのかけらとなって、遺伝子としてのメッセージを伝えていないということだ。[22,23]

第8章　未来の人間

「人間は自身の努力によるわけではないにしろ、生物の階梯の頂点まで昇ったことにいささかの得意を感じても許されるだろう。そして、もともとそうだったのではなく、ここまで昇ってきたという事実は、人に遠い未来にはさらなる高みに達する運命だという希望を与えるかもしれない」

――チャールズ・ダーウィン『人間の由来』

イエス、ノー、もしかしたらそうかも

善いことなのか悪いことなのか、私たちの大半は確実に生きながらえる。生きていれば困ることもあるかもしれないので、人類は生まれたときから未来を予測しようとしてきた。ギリシア人はデルポイに神託所を置いていた。キリスト教の使徒ヨハネは、ローマが宗教的、政治的反体制派を隔離していたエーゲ海の島、パトモス島に捕らわれていた九二歳のとき、世界が終わる様子を予想して『黙示録』を書いた。ミシェル・ド・ノートルダム〔ノストラダムス〕は一五五五年に『予言の書』の初版を出版した。これは今も印刷されていて、ペン、鉛筆、タイプライター、コンピュータ、プリンタ、iPhone、何を使おうと、あらゆる物書きがそれをなしとげたい記録的成果だろう。魔法信仰がなかなか滅びないことを証明することとして、二一世紀の今も、アメリカの新聞のほとんどに毎日の星占いの欄があり、二〇世紀アメリカ大統領の少なくとも一人は、占星術師を一人か二人連れてホワイトハウスに入った。

もちろん、チャールズ・ダーウィンが興味津々だったのは、未来よりも過去だった。今日、ダーウィンに続いた人々が正解を得ようと苦労してきた課題は、人間がこれからの何世紀かでどのような外見や行動をとるようになるかを推測することだった。未来の自分について熟考するとき、可能性が二つあった。一つは進化を続けること。もう一つはそうはならないこと。言い換えれば、ダーウィン的な事態の進行から見ると、私たちは始まりの終わりにいるのか、終わりの始まりにいるのか。

進化の終焉

進化にも二つのタイプがある。ダーウィン型と、私たちが自分で行なっているタイプのものだ。ダーウィンによる、下等な動物からの私たちへの上昇という見方は、自然淘汰という何より重要な概念に依拠していて、これは遺伝的突然変異とともに始まるいくつもの偶然と、突然変異が伝えられる状況を生む集団の隔離とによる。この想定では、新たな形質は受け取り側のＤＮＡに埋め込まれ、さらにまた次へと伝えられる。

その二つの状況――自然淘汰と隔離――のいずれも、今の私たちにとっては先祖ほど重要ではない。たとえば、一五九〇年頃、ロシアで、乏しい食餌で極寒の気候でも生きられるような突然変異を持った男児が生まれたとしよう。その突然変異した遺伝子（の組合せ）によって、この子は食物が乏しくて気候が寒冷化しても生き延びられるだろう。要するにその体は、一六〇〇年から一六〇三年の、ペルーの火山ワイナプチナ（「新火山」）が大噴火を起こした後の世界中が記録的な寒さの冬で、農産物が記録的に不作になった時期にぴったり適合していた。さらに三〇〇年後のクラカトゥア火山の大噴火と同じく、ワイナプチナは日光を遮り、気温を下げ、地球の農業を破壊するほどの塵を大気中に送り込んだ。[1、2]

私たちが知るかぎり、まさしくそのような男児が実際に生まれている。一人の男は多くの子の父となることができるので、そのような男なら、この新たな寒冷・飢餓抵抗性の遺伝子を次の世代に伝えることになっただろうし、次々と世代を重ねてそうなったかもしれない。少なくとも理論的には、寒い気候でもたいしたことなく暮らせて、少なくともしばらくは他の人々には足りない食料でも健康でいられる人々の集団をまるごと一つ生み出したこともあるかもしれない。

しかし、ロンドン大学ユニバーシティ・カレッジのゴルトン研究所で遺伝学教授を務めるスティーヴ・ジョーンズは、今日ではこの種の遺伝的偶然の類はさほど重要ではなく、「セントラルヒーティングがあり、食料が大量にある現代世界では同じ変異があっても、かつてほど子に利点を与えそうにはない」[3]と言う。加えて、ニューヨークのアメリカ自然史博物館に勤める人類学者、イアン・タタソールは、「進化による変化についてわれわれが知っているすべてのことは、遺伝による新機軸が固定されそうなのは、小さな、隔離された集団だけだということを示している」と言い、二一世紀の今、人間は至るところにいて、ものすごく流動的なので、「人間の集団に何か意味のある進化的に新しいものができても、それが固定される可能性はきわめて低い」と言う。[4]

ウィスコンシン大学（マディソン）の人類学者、ジョン・ホークスもそれに同意する。人類の進化を劇的に進めるには、真に「大規模な新しい隔離機構」が何かなければならないだろうという。隔離だけでは間に合わない。何と言っても、三万年にわたってオーストラリアやパプアニューギニアのようなところで部分的に集団の隔離があっても、人類は基本的に同じと見られる人間のままだった。第二の例は、一万四〇〇〇年ほど前、「ベーリンジア」と呼ばれる氷の橋を歩いてベーリング海峡をロシアからきて北アメリカ大陸へ渡った人々だ。DNAを調べると、この人たちは、今のカナダやアメリカになっているところに住み着いたらしい。[5] しかしホークスは、「五〇〇〇年前、新しい人々［ヨーロッパ人のこと］が現れたとき、［もともと徒歩で渡った人々は］まだ同じ種の人々だった。他方、遠い未来に「宇宙へ出ていく人々が遠い星へ片道旅行にいけば、これは十分隔離のきっかけになるのではないか」[6] とホークスは言う。そういうことがなければ、私たちの未来の自分の姿については、ロンドン大学のジョーンズの見立てに乗るのがよさそうだ。私たちの遺伝子の「歴史はベッドでできるが、最近ではベッドどうしが似たようなものになっている。地球全体で混じり合いつつあり、未来は褐色になる。つまり、ユートピアはどんなところかと心配している人は、心配する必要はない。少なくとも先進諸国では、そして少なくとも当面、今のそういう世界に暮らすことになる」[7]。

当然、科学者も人間で、人間は議論好きなので、認めていない人々もいるが。

次の進化

ライデン（オランダ）にある自然生物多様性センターの進化生物学者・生態学者で、ライデン大学の形質進化・生物多様性の教授も務めるメンノー・スヒルトハイゼンは、「世界中で都市環境が広がるとともに、野生生物も生物学者も都市を真の生態系として扱うようになりつつある……まったく新しい形の生命がわれわれの目と鼻の先で進化している」と言う。第一の例は友人の家のバルコニーにあった植物に巣をかけていたブラックバード〔ツグミの類〕だ。まず、以前は森林地帯に暮らしていたこの鳥が、気温が高く、空気も汚れていて、音もうるさい都市に流入してくるようになった。ダーウィンのフィンチのように、新しい環境、つまり都市に隔離されると、この鳥も進化する。スヒルトハイゼンの記すところでは、そうした新しいブラックバードは、「嘴が太くなり、鳴き声が高音になり（車のぶんぶんという騒音にも負けずに聞こえるほど）、あまり移動しなくなり（都市では一年中餌も暖かさもある）、臆病でなくなる。こうした違いの多くに遺伝子が関与している。鳥のDNAは、二〇〇年もしない適応をへて、田舎にいた祖先のDNAとは違ってきている」[8]。同様のことは世界中の他のところでも起きているらしい。ニューヨークの公園では、フォーダム大学の生物学者ジェイソン・ムンシ＝サウスが、今は植林された公園の狭い区域にいるシロアシネズミが新しい遺伝子を得ていることを発見した。この遺伝子は都市の土壌を汚染する重金属に耐えることを可能にし、免疫系も向上して、密集した集団の中で個体間に広がりやすい病気を撃退することができる。母なる自然は、わが子を守り続けるようだ[9]。

人間についてはは自然が想定しているのは単純な変化かもしれない。二〇〇九年一〇月、イェール大学の研究者グループが、『アメリカ科学アカデミー紀要』に、さまざまな生物学的理由で、背の低いぽっちゃりの女性は、背の高い痩せた女性よりも妊娠する回数が多くなる傾向があると書いた。その結果、この女性が身体的特徴を子どもに伝えるので、私たちは将来、背が低く、ぽっちゃりした女性になりそうだ。言い換えると、自然淘汰が生きていて作用しつつあるのだといろいろな論者が言っている[10]。

そして自然はふだんの役割を演じ続けるので、進化の道筋でいろいろな課題をつきつけてくる。ニューメキシコ大学の進化心理学者ジェフリー・ミラーは、現代の流動的な文明は、私たちに「空中を飛び、地球の隅々にまで広がって、増えつつあるウイルスや細菌による、地球規模の病原体プールをつきつける。流行病が増え、それが人類の生存に対する遺伝的な免疫系の重みを増す」ことを指摘する。その結果、ミラーの結論では、人類の免疫系は強くなる[11]〔免疫系の強い人が生き残って集団をなす〕。自然が休みを取るなら、人(マン)(と女)は独自の案でいけるのかもしれない。

人が人を改良する

ピルグリムズがメイフラワー号でプリマスに上陸して以来の長い間、次々と続くアメリカ移民の波が、栄養十分で健康な、背の高い子どもの波も生み出していき、アメリカ人は他の誰よりも背が高くなった。たとえば一八五〇年、アメリカ人の平均は、独立を勝ち取った旧主のイギリス人の平均よりも五センチ近く高く、その後も長い間に、ヨーロッパ各国すべての人々よりも六センチ余り背が高くなった。

二〇世紀初頭、アメリカ人はこれがずっと続いて、世代を重ねるたびに、だんだん背が高く長生きするものとただ思い込んでいたが、そうはならなかった。身長や健康の当初の増大は、アメリカへ移民してきた人々の子どもが、元の国で両親が得ていたよりもよい食生活をするようになり、したがって丈夫で大きく育ったという単純な事実によっている。私たちの身長の約八〇パーセントは遺伝子によって決まるが、残りは清潔で栄養価の高い食物とか、成長中の子どもを守る医療体制のような環境因子の結果と考えられる。『ニューヨーカー』誌のバークハード・ビルガーは簡潔にこう述べている。「一つの集団内での身長のばらつきは主に遺伝によるが、集団間の身長のばらつきはほとんど環境によることを、人体計測の歴史は示している。ジョーがジャックより背が高ければ、それはおそらくジョーの親の背が高いからだろう。しかし平均的なノルウェー人が平均的なナイジェリア人より背が高ければ、それはノルウェー人の方が健康な生活を送っているからだ[12,13]」。

要するに、他の国々がアメリカの食料や医療に追いつくうちに、構図が変化した。今日では、なかでもオランダ人の背が高く、男性平均で一八〇センチ余り、女性平均で一七三センチほどになっている。アメリカ人の男性平均は一七九センチ、女性は一六六センチほどだ。アメリカ人の平均に変化をもたらしたと考えられる理由の一つは、人々の集団ごとに体形が違い、現代の移民では、男女とも遺伝子的に背が低い方の国々の人々が入ってきているというところにある。

寿命が延びれば、健康な人々は背が高く、丈夫になるだけでなく、背が伸びる期間も長くなる。一九世紀が終わる一九〇〇年には、アメリカ人新生児一〇人のうち三人が一歳の誕生日を迎える前に死亡していた。次の一〇〇年で、乳幼児の——というより誰にとっても——環境は有意に健康的になった。それは次のような事項の向上による。

- きれいな水や効率的なゴミ処理などの衛生状況。
- 牛乳の殺菌などが求められ、食物が安全になる。
- 流行病に対するワクチン接種の導入。天然痘に始まり、ジフテリア（一九〇六年）、破傷風（一九一四）、インフルエンザ（一九三八）、ポリオ（一九五五）、はしか（一九六三）、髄膜炎（一九七〇年代）と続く。
- 一九三〇年代末から一九四〇年代初めにかけての抗生剤使用の拡大。

●生まれつきの障害の診断と治療が正確になった。出生前超音波検査（一九五六）、出生前子宮内手術（一九八〇年代）、妊娠した女性に対する葉酸の補給。葉酸補給は簡単な処置だが、脊椎披裂のような神経管欠陥の発生率を半分に減らした。
●新生児医療が向上し、メディケイドのような医療保険制度により、医療が利用できる範囲が広がり続けた。

その結果、アメリカ人は乳児死亡率〔生まれてから一歳を迎えるまでの死亡率〕の劇的な低下を見た。一九〇〇年には出生児一〇〇〇人あたり三〇〇人だったのが、二〇一〇年には六・一四人に下がった[14,15]。また、健康になった乳児は確かに長じて長生きするようになる。一九〇〇年には、アメリカ人の平均寿命は四七歳を少し超える程度だったが、二〇一四年には、七八・八歳にまでなっている。どちらも進化によるものではない。それはただ医学と公衆衛生の作用にすぎない。

ニューメキシコ大学の心理学者ジェフリー・ミラーは、人間は免疫系が強くなって新しい病原菌も寄せつけなくなると予想したが、遺伝子工学の発達で、性的パートナーの選択がしやすくなるだけでなく、さらに肝心なこととして、生まれる子どもの選択もしやすくなるとも考え、次のように言う。「親は基本的に精子と卵子を選んで出会わせ、どの遺伝子がどの身体的、精神的形質に寄与するかについての遺伝子情報に基づいて、子どもを作ることができるだろう。豊かで力のある人々が人為選択技術を自分たちの手許にとどめるなら、上流の支配的集団と、遺伝子的に抑圧される下層の集団との間に分裂がもたらされるかもしれないが、私は新しい遺伝子技術の利用は広まる可能性が高いと思う。単純にその方が利益があるからだ。つまり私は、貧困層と富裕層の両方が遺伝的に最善の子を得ることができるように

アメリカでの乳児死亡率（2010年）

母親の人種	出生数	生児出生1,000人あたりの死亡率
総計	3,999,386	6.14
非ヒスパニック白人	2,162,406	5.18
非ヒスパニック黒人	589,808	11.46
アメリカ先住民またはアラスカ先住民	46,760	8.28
アジア系または太平洋諸島民	246,886	4.27
ヒスパニック	945,180	5.25
メキシコ系	598,317	5.12
プエルトリコ	66,368	7.10
キューバ	16,882	3.79
中央／南アメリカ系	142,692	4.43

アメリカでの出生時の平均余命、1900〜2010[16]

（全人種、死亡証明書に基づく）

	両性	男性	女性
1900	47.3	46.3	48.3
1950	68.2	65.6	71.1
1960	69.7	66.6	73.1
1970	70.8	67.1	74.7
1980	73.7	70.0	77.4
1990	75.4	71.8	78.8
2000	76.8	74.1	79.3
2010	78.7	76.2	81.0

なる平準化の効果と、平均的な身体的な魅力や健康の増進が実際にあると思う[17]」。

フィクションでの未来

未来を描くフィクションには長い、立派な歴史がある。まずはジュール・ヴェルヌの『月世界旅行』(一八六五)〔高山宏訳、ちくま文庫(一九九九)など〕で宇宙へ出かけた冒険家がいた。エドワード・ベラミーは、『顧りみれば』(一八八七)〔山本政喜訳、岩波文庫(一九五三)〕で、ごく日常的なデビットカードの誕生を予想している。H・G・ウェルズは『解放された世界』(一九一四)〔浜野輝訳、岩波文庫(一九九七)など〕で恐ろしい原子爆弾のことを述べている。アンブローズ・ビアスには、チェスを指すロボットが残忍になって主人を殺す短編「モクスンの主人」(一八九九)〔奥田俊介訳「自動チェス人形」、東京美術『ビアス傑作短編集』Vol.1(一九八九)に所収など〕がある。二〇世紀初頭を代表する宇宙のヒーロー、バック・ロジャーズも外せない。フィリップ・フランシス・ノーランが中編「アーマゲドン二四一九年」で登場させ、その後、コミック、ラジオ、テレビ、映画のスターになった。

私たちが、鼓動を調節するペースメーカー、歯の代わりになるインプラント、自然な髪形の代わりの植毛というふうに自分の体を改良し、喜ばしくも生体工学的に強化するようになってくると、未来を予測するフィクションといえば、今挙げたものも含めて、注目するのはたいてい、私たちの体よりも装置、様式、社会的慣習の変化だという点に目を向けるとおもしろい。ファンタジーは、一九九七年の映画『スターシップトゥルーパーズ』の巨大なクモや、レイ・ブラッドベリの類いまれなる『火星年代記』(一九四六）〔小笠原豊樹訳、ハヤカワ文庫ＳＦ（二〇一〇）など〕の変身生物（シェイプシフター）を始め、数々のＢＥＭ（虫のような眼をしたモンスター（バグアイド・モンスター））を登場させてきたが、人間は基本的にずっと人間だ。たぶん、最も有名な例外はウェルズの『タイムマシン』（一八九五）〔池央耿訳、光文社古典新訳文庫（二〇一二）など〕に出てくる二つの人間の種だろう。こちらでは、タイムトラベラーが西暦八〇万二七〇一年にたどり着き、私たちよりは小柄で、大きな眼、小さな耳、小さな口、とがったＥＴ風のあご、知能の低い元エリート種族のイーロイ族と、かつては虐げられた労働者階級が、毛むくじゃらの猿のようなモーロック族となって、地下で暮らし、光を恐れ、イーロイ族を狩っては食べているのに遭遇した。うれしい進化とは言えない。

　未来を描いた主な映画はおおむね、小説が先駆けとなっている「人は人のまま」の筋書きに留まっている。確かに『猿の惑星』は高度に進化した類人猿が出てくるが、それでも人は戦い、愛し、私たちとほとんど同じように行動している。ディストピア映画――『時計仕掛けのオレンジ』、『ブレイブ・ニュー・ワールド』、『未来世紀ブラジル』、『ダイバージェント』、『華氏四五一』、『一九八四』、『アイランド』――はとくにいつとも設定されていないことも多く、政府が敵で、明らかに人間の主人公が服従を余儀なくされるか、抑圧的体制から逃れようと試み、たいていは失敗する。『二三〇〇年未来への旅』ではドームに覆われた都市での牧歌的な生活が出てくるが、問題が一つ。ドームの下にいる人々はみな、回転儀式（カルーセル）という一種の宗教儀礼で最期を迎えなければならない。それで主人公は仲間に加わった美女とともに脱出しようとする。『ブレードランナー』はこのテーマをアンドロイドに広げ、アンドロイドも生きるために逃げなければならない。『ダイバージェント』では、誰もが性格に基づく「派閥（ファクション）」のいずれかに収まらなければならず、いずれにも入らないと社会から追い出される。『ガタカ』のように、遺伝子操作を提示する映画もある。『アイランド』はクローンに頼る世界だ。『ブレイブ・ニュー・ワールド』の三つのバージョン（一九八〇、一九九八、二〇一二）では、原作で一九三二年のオルダス・ハクスリーによる古典的な小説と同じく、子どもは「孵卵工場（ハッチェリーズ）」で生産され、「調整（コンディショニング）センター」で育てられ、それぞれ、自分の社会的地位をあらかじめ決めている規則を受け入れてそれに従うようプログラムされる。主人公は人間の母親から生まれた男で、自殺の失敗がきっかけでその様式を破ろうとする。

これは実質上、私たち人間の何千年もの経験を反映している。社会は変化するが、私たちの体はほとんど変わらない。これまで、私たちの進化で最も重要な前進は私たちの姿勢と脳にあった。私たちは二足歩行である点が、私たちを実質上他のすべての動物と異なる存在にしている。私たちは自然に、また一貫して四つ足でも八つ足でも他のどんな二の倍数の足でもなく、二足で立ち、移動する。二足歩行をするものと言えば、他には*macropods*（マクロポッズ）（「大きな足」の意味で、カンガルーやワラビー）と、アメリカ南西部に固有のごく小さな足でジャンプする齧歯類、カンガルーマウスくらいしかいない。鳥も二足動物だが、鳥類解剖学者なら知っているとおり、鳥は二本の足に見えるものでぴょんぴょん跳ぶが、その足は実際には私たちの爪先にあたるところで、鳥の足の「かかと」部分は、爪先の一部であり、すぐ上にある細い部分は、人間の足の裏に相当する。理論的には私たちはすべて歩き、ジャンプし、ジョギングできるが、ジョギングは歩くと走るの間の妥協であり、ほとんど人間の独擅場だ。

このように私たちは何万年も前と同様に直立しているが、脳は徐々に大きくまた複雑になってきた。初めは私たちもみな爬虫類だった。少なくとも私たちの脳はそうだった。脳幹、小脳、大脳基底核（不

未来映画

タイトル	公開年	舞台
メトロポリス	1927	2026
1984	1956	1984
華氏451	1966	?
2001年宇宙の旅	1968	2001
バーバレラ	1968	4000
猿の惑星	1968	1972～3978
時計仕掛けのオレンジ	1971	?
ソイレントグリーン	1973	2022
ローラーボール	1975	2018
2300年未来への旅	1976	2274
エイリアン	1979	2122
1984	1980（TV）	1984
ニューヨーク1997	1981	1997
バトルランナー	1987	2017～2019
バックトゥザフューチャー2	1989	2015
12モンキーズ	1995	1996～2035
ガタカ	1997	2150～2200
スターシップトゥルーパーズ	1997	?
1984	1998	1984
ロスト・イン・スペース	1998	2058
マトリックス	1999	2199
アイランド	2005	2019
1984	2011	1984
ハンガー・ゲーム	2012	2280
ダイバージェント	2014	?

随意運動をつかさどる神経群）は、呼吸や鼓動など、私たちの最も基本的な不随意機能をつかさどっている。この組織や器官をまとめて、今も口語的には「トカゲの脳」と呼ばれている。私たちと、基本的な脳を魚類から引き継いだトカゲの違いは、知性、感情、判断にある。こうした性質は私たちの皮質、つまり大脳の表面にある「灰白質」に埋め込まれている。脳の前面の二つの半球が、私たちの複雑な感覚的神経的機能を制御し、随意活動を可能にしている。

他の霊長類も私たちも、トカゲにはできないことができる。マウスからヘラジカまで、すべての哺乳類が恐怖や怒りのような情動を認識するが、人間はとくに、恥や後ろめたさやプライドといった社会的反応に対して鋭く反応する。それには他者が何を考えているかを認識する必要があり、これが皮質に覆われた大脳の領分となる。「トカゲの脳」は体を動かし続けるが、皮質は私たちを人間にして、言語、記憶、推理をもたらす。[18]

これを達成するために、脳の容積が六〇〇立方センチほどだった初期の霊長類から、ネアンデルタール人の一六〇〇立方センチにまで進化したように、私たちの脳は大きくなった。興味深いことに、脳はその後縮小しているらしい。今日、現代人の平均では脳の容積は男で一四四〇立方センチ、女でだいたい一二四〇立方センチとなっている。[19] しかし人類の脳が少し小さくなったとしても、学習量の方は確かに増えている。私たちの脳の機能は、当の脳の仕組みの理解も含め、着実に向上してきた。二〇一六年、ワシントン大学医学部の研究者が、ヒトの脳について、これまで特定されていなかった一〇〇か所近くの領域を明らかにした新たなマップを発表した。この研究の筆頭執筆者の神経科学者マシュー・F・グラッサーは、これは最終版ではないことを知ってほしいと言っている。言わばバージョン1・0だと考えよう。「データがよくなり、調べる人が増えれば、バージョン2・0ができるかもしれない。マップは科学の進歩とともに進化しうると期待している」[20]。

それでも、多くの未来論者が、私たちが他の何かに進化するにつれて、頭が大きくなり、保持する脳も大きくなると予想し続けている。一八九三年、『タイムマシン』を発表する二年前のウェルズは、「西暦一〇〇万年の人間」〔「百万年の人間」中村融訳、SFマガジン二〇〇五年八月号所収〕という評論を発表し、そこにこう書いた。「人間の子孫は栄養液に浸かって栄養を摂るだろう。巨大な脳、潤んだ熱のこもった眼、大きな手があり、その手を使って跳び上がる。いかつい鼻もなく、痕跡的な耳もなく、口は小さく、まん丸に開き、動物的な宵の明星のような形ではなくなる。筋肉系全体が萎縮してしまい、頭脳にだらんとぶら下がっている」[21]。

大きな頭、大きな眼、小さな胴体という予想されたイメージに追随した人々もいて、そのイメージが最も完璧に表れているのは、映画『E．T．』（一九八二）の、あの、もちろん人間ではないキャラクターかもしれない。この姿を人間として描いたもっと新しい例は、ニコライ・ラムの作品だろう。ラムはロシア生まれ、ピッツバーグ在住のグラフィックアーティストで、「ラミリー」、またの名を「ふつうのバービー」をデザインした。あの有名な人形を、スズメバチのように腰のくびれた、大きな胸の、ありえないほど足の長い人形ではなく、ふつうの一九歳の体形にして作り直したものだ[22]。次に有名な作品が、今から一万年後、六万年後、一〇万年後の未来の男女の申し分ないほど恐ろしい一群の絵だった。実に大きな眼をした実に大きな頭に実に大きな脳が収まっている[23]。

ラムはアラナ・クワンというゲノム情報解析の専門家からアイデアを得ている。この分野は私たちの遺伝子の構成を分析して、私たちがどうなるか、どうならないかを予測する科学だ。ラムの絵は自然淘汰を表したものではない。それが描くのは、私たちがこれからますます生物学的な自分を操作できるようになる可能性で、自然淘汰とはまったく違うテーマだ。加えて、頭の大きさが増すと、産道を頭の大きな子どもが通れるように、女性の骨盤腔も大きくならなければならないだろう。さもないと、規格を人間が定めたブルドッグが、継続して同系交配され、遺伝子多様性が乏しくなって、雌のブルドッグの腰が小さくなり、子犬の頭が大きすぎて、必ず帝王切開をしなければならなくなったのと同じことになるかもしれない。[24] もっとうまいことには、この何万年かの間に、人間の頭の大きさは大きくなるのではなく、小さくなっている。一九三三年の段階で、ネアンデルタール人の頭蓋骨は私たちと同様か、わずかに大きいことがわかっていた。[25] 実際には、この何千年のいきさつは、サイズが同じか、やや小さい頭の中でますます複雑な脳が拡張していることを物語っている。

ミスター・ロボットの台頭

超人間主義（トランスヒューマニズム）とは、「人間が技術的手段によって心身にかかる肉体的制限を超えて栄えるべきだという信条」[26] のことだ。進化の言葉で言えば、私たちの未来はダーウィンの自然淘汰にはなく、クローン、遺伝子操作、ロボット工学、人工知能など、自然にはない手段を使った自己改造能力に基づくと説く。

オックスフォード大学にある人間未来研究所所長のニック・ボストロムは、この手法をマスターすれば、私たちは強くなるだけでなく、不死にもなると言う。ボストロムは、こんな準人間の可能性も考える。「自分をロボットにダウンロードしてときどき現実世界を歩き回ったり、高度なオペレーティングシステムによって、考える速さを増したり、（H・G・ウェルズ〔『西暦一〇〇万年の人間』〕を思わせる）食費をゼロに削減したりする。今の人間の世代サイクルの進み方には二〇年ほどかかるが、デジタル化された個人なら、何秒、何分で〔自分を〕複製できるだろう」。もちろん、自分のコピーを作るのには厄介なことも伴う。ボストロムは問う。「どちらが本人だろう。どちらが財産の所有者か。配偶者の結婚相手はどちらか[27]」。

もちろん、ペースメーカーやインプラントの段階から、交換可能な胴体やそれによって生じる混乱に至るまでの道のりは遠い。たぶん、ダーウィンにはもっとよい道、未来の展望、つまり体ではなく心に基づいた展望があっただろう。『種の起源』の末尾ではこんなことを言っている。「遠い未来には、さらにはるかに重要な研究が行なえる広い領域が開けているのが見える。心理学は新しい土台、つまり個々の精神的な力や器量は必ず段階的に獲得されるという土台の上に載せられるだろう。人間とその歴史の起源に光があたることになる[28]」。

第9章　追記

「……科学では、功績は最初にそれを考えついた人のものではなく、世間を納得させた人のものとなります」。

――フランシス・ダーウィン、優生学協会での第一回ゴルトン講演（一九一四）

ダーウィン家の家業

世の中には医者の家系、法律家の家系、実業家の家系といったものがある。ダーウィン家は、人類の歴史に魅了される科学者を生み出したが、一世代は飛ばしている。チャールズ・ダーウィンの父で評判のよい医者だったロバートは、その父のエラズマスや自身の息子のチャールズ、さらにチャールズの息子ジョージを魅了し、それほどではなくてもフランシスも魅了した地球上の生命の起源には関心を示さなかった。[1,2]

開祖エラズマス・ダーウィン（一七三一～一八〇二）は、まさしくルネサンス人〔博学多才の人のこと〕で、医師、詩人、哲学者、植物学者、博物学者であり、まとまった進化論としては初期に属する『ズーノミア、有機的生命の法則』（一七九四～一七九六）を発表した。そこでエラズマスは「第一原因」、つまり最初の生命を「一個の生きた繊維（フィラメント）」と呼んだ。

それならば、植物の生きた繊維は先に述べた動物の各種族の繊維とは元々別だったということになるのか？　そうした種族の生産力のある、それぞれの生きた繊維は、元から互いに違っていたのか？　それとも、地上と海に、おそらく動物が存在するよりもずっと前、植物の生産物が散らばっていたとき……一個の同じ生きた繊維が有機的生命の原因であり、これまでそうであったと推測することになるのか？[3,4]

エラズマスは自説を詩にしたものも書き、没後に発表された。それは明らかに、陸上の生物は海で始まったという現代の広く受け入れられている理論を先取りしており、それに沿っていた。

有機的生命は岸のない波の下にて
海の洞穴で生まれ育ったものにして
元は細かく拡大鏡でも見えぬほど、
泥の上を這い、水気のところにもぐり、
それが次々代を重ねて花開き
新たな力、大きくなった肢を得て
そこから数かぎりなき種類の植物が分かれ、
ひれと足と翼の各々の世界も息づく

――エラズマス・ダーウィン「自然の寺院」[5]（一八〇二）

エラズマスは自然淘汰を発見したわけではないし、しかじかの種が別の種からどう進化したかという問いに答えたわけでもないが、後に孫が手がかりにした競争と性淘汰については考えていた。「この雄どうしが競う行き着く先は、最も強く、勢い盛んなるものがその種を広め、しかじかに改良されるであろう」とエラズマスは書いた。[6] しかしそれに劣らず人をとりこにし、独自の考えのある人物だった。孫が仕事を離れれば穏やかな家庭人だったのとは違い、エラズマスは「自由恋愛」を支持する女道楽で、生涯、あちこちの女性を引きつけた。五人の子を儲けた最初の妻が亡くなると、子どもの養育係と関係を持ち、二人の婚外子の娘をなした。さらに夫のある女性に求愛し、その夫が亡くなると直ちに妻とし、さらに七人の子を得た。さらにまた不倫を行なったと噂され、またそこで一人の庶子が生まれたとも言われる。エラズマスは紳士として、認知されている子も噂されている子も、嫡出子もそうでない子も合わせて一五人をすべて養い、女好きは求愛や結婚で止まることはなかった。男子に提供されているのと同じ教育を女子にも与えることを早くから支持し、女性も家より学校で教育されるべきだと思っていて、学校ではみなが恋愛小説を読むべしと論じた。[7]

祖父の型破りな行動は、派手ではあっても孫にはどうということもなかったらしく、一八七九年には『エラズマス・ダーウィンの生涯』という本で祖父を偲んでいる。今のアマゾンは、この本についてこんな記述を載せている。「祖父の生涯と業績を見通していて、手紙からの引用や、祖父の著書へのチャールズ・ダーウィンによる率直な感想があり、学術的な文章の慣習から解放されたこの個人的観察の小著は、傑出した科学者の生涯を、実績のある後継者の眼で照らし出している」。[8]

子孫による先祖の評価が正当であることをさらに証明するように、一八七二年、つまりチャールズが『人間の由来』を出版して一年後に、次男で第五子にあたる二六歳のジョージが、『マクミラン』誌に「服装の発達」という文章を書いた。ジョージが立てた命題は、男が何を着るかを決めるところにも進化が活躍していて、「現代進化論によって説明されるような生物の場合と強い類似を」見せるということだった。「現実に利がないものは滅び、現実によいものは『自然淘汰』で我々の制度の中の新たな項目として組み入れられるようになる」。父と同じく、この息子も痕跡的で装飾的な要素を見つけた。帽子の帯とか、袖のボタン、ポケットがないのについているポケットの蓋の飾りなど。こうしたものについて、もはや役に立たなくなってからもずっとファッションに残っていると、ジョージは書いた。[9] チャールズ・ダーウィンは、息子の創意に富んだ著述を、いくつかの文法的な訂正を加える以外は認めたと言われている。[10]

ジョージの論考は一時の興に見えるかもしれないが、そうではない。ファッションは社会の重要な手がかりだ。ジョージは無関係と考えたが、現代西洋社会での女性の服装の進化も好例となる。ビクトリア朝時代の体を隠す不格好な大きく張ったスカートやごわごわしたペチコートから、一九二〇年代の男の子のようなシュミーズドレス、現代のパンツスーツに至る流れでは、形態が機能に従っている。女性が開放的な衣服を求めるのに合わせて、女性が政治的権能を得ている。あるいはその逆か。

要するに、ジョージ・ダーウィンの服装の進化についての観察は歴史的資料であり、一世紀半前も今と同様、価値のある文化史への知的で本気の貢献なのだ。〔以下復刻〕

ジョージ・ハーバート・ダーウィン「服装の発達」

服装の発達は、現代進化理論によって説明されるような生物の発達と強い類似を見せている。そこで本稿では、両者に共通の特色をいくつか明らかにしたい。「自然は飛躍せず」という諺で表される真理は、いずれの場合にも成り立つことを見よう。進歩の法則は服装にも成り立ち、それぞれの形式はほとんど連続的なほど互いに融合する。どちらの場合にも、一つの形式は後続の形式に取って代わられる。そちらの方がそのときの周囲の状況には合っているのだ。人生の活動期にある人々がいつでも馬に乗れることが必要条件でなくなると、乗馬はいつか通常の旅のしかたではなくなり、膝下で絞った半ズボンとブーツは長ズボンに道を譲る。今は大いに流行している「アルスターコート」〔シャーロック・ホームズが着ていたようなケープ付きのオーバーコート〕は、明らかにほぼ鉄道での移動により促されたもので、旅行は馬に乗るか、馬車に乗るかで、そんなかさばる装飾のためのスペースを割く余裕はなかった前世紀には、ありえなかっただろう。

新たに考案されるものは、動物の新しい変種に似たようなところがある。そのような新案や変種はたくさんある。実際に利がないものは滅び、実際によいものは「自然淘汰」で我々の制度の中の新たな項目として組み入れられるようになる。このことは、マッキントッシュ・コート〔防水加工したレインコート〕とクラッシュ・ハット〔折りたたんでも崩れない帽子〕が我々の服装の中でどう重要な存在になったかを述べれば明らかにできるかもしれない。

それからまた、服装の物差しの上での進展の度合いは、さまざまな「器官」が分化する程度によってほぼ正確に推定できるかもしれない。たとえば、約六〇年前、現在の夜会服は紳士用の通常の服装だった。トップブーツ〔折り返し部分が本体と異なるブーツ〕は、『パンチ』誌の漫画では旧式の「ジョン・ブル」〔イギリス人〕が必ず着ているが、今も狩猟場には残っている。レッドコート〔英軍の軍服〕は公式には唯一の最上級のコートであることは、『スペクテイター』誌一二九号に載った、ある「ミドルテンプルの法律家」の次のような感想に現れている。「こちら（コーンウォール）では、自分がチャールズ二世の治世〔一七世紀半ば〕にいるような気がした。人々は服装の点でそのときからほとんど変わっていない。この地の名士で最もスマートな人々も、今でもモンマスコック〔モンマスは流行の元とされる貴族の名、コックはつばを折り曲げた「ひさし」。貴族の定番のような、広いつばを左右で上に折り曲げた平たい飾りつき帽子〕をかぶり、求婚にいくときは（在郷軍に所属していようとそうでなかろうと）、レッドコートをまとう」。

　今述べた服装の一般的な適応の他に、服装の発達にたぶんさらに大いに関連する作用もある。それは流行（ファッション）である。新しいもの好きなところや、独自性、つまりその人が今のところよい状況にあることの徴（しるし）と考えられるもの、あるいは格好のよさそのものを強調しようとする並々ならぬ人々の傾向が、流行をもたらすものと思われる。この作用は『人間の由来』でおおいに強調されたばかりの「性淘汰」と似ていなくもない。動物も服装も、発達の前段階の名残が後の時代に生き残り、その進化史の中にもすりきれた記録を残している。

　こうした名残は二通りの段階、あるいは形式で観察されることがある。第一、服装の中には流行による淘汰で助長され、誇張され、その後、用途がまったくなくなっても、言わば我々の服装の一部として固定された部分がある（宮廷制服にある象徴化された、今ではコート本体にしっかりと縫い付けられたポケットの蓋）。第二、元は役に立っていた部分が何の役にも立たなくなり、衰退した状態で伝わっているもの。第一の区分の事例は、性淘汰によって説明されるクジャクの尾羽に似ている。第二の区分は、使用されない結果によって説明されるキウィの翼に類似したところがある。

第二の名残について、タイラー氏は次のようなことを言って好例を示している。「ドイツの御者のコートにあるばかばかしいほど小さな尻尾は、これほどばかげた痕跡にまで萎縮するようになった経緯を物語っている。しかしイギリスの聖職者の帯はもはやその歴史が見えず、それがミルトンの肖像に描かれているような、今より実用的にそれをしまっておくために使われた「帯箱（バンドボックス）」に名を与えている幅広のカラーから今に伝わるまでの中間段階を見たことがなければ説明できないほどになっている」。奇妙にもこうしたカラーは、今もケンブリッジ大学ジーザスカレッジの聖歌隊員が身につけている。

こうした考えによれば、我々の服装の由来を示す印を探してみると興味深く、そうすれば、無意味に見える多くの事物が意味に満ちていることが示されるかもしれない。

婦人の服装は時代をへても、細部には大きな変動もあるものの、一般に相似性を維持するので、男の服装ほど見るべきテーマは得られない。そこで私は後者のみに話をかぎり、体の上から始め、下へ向かって衣服の主要な品目を見渡していくことにする。

帽子——帽子はもともと柔らかい素材、つまり布や革でできていて、それを頭に合わせるために、周囲を紐で締めて帽子を縮めるようになっていた。フェアホルトの「イギリスにおける服装」の五二四頁、アングロサクソン女性の頭部の図にこれが描かれていて、それはヘッドバンドで締め付けるフードをまとっている。また五三〇頁には、一四世紀に被られていたいくつかの帽子の図があり、これは頭に布の帯を締めて留められている。また古代の帽子はすべて何らかの帯がついているらしい。この紐あるいは帯の名残が現在の帽子の帯だと見てよい。同様の残存形はスコッチキャップ〔往年の英陸軍兵士のヘルメットの形にもなった伝統的な形の帽子〕の顎紐や、司教の冠にも見られる。

おそらく帽子の帯は、山の部分をつばに止める縫い目を隠すという目的に利用されなかったら、とっくの昔に消滅していただろう。帽子に帯が残っている理由のこの説明が本当なら、元はある目的に役立った部分が新しい役目に用いられ、そうして機能が変化した例を得たことになる。これは水中で浮力を得るために用いられた魚の浮袋が発達して、哺乳類や鳥類の肺となり、動物の熱を維持する炉として用いられるようになったのと似た事例である。

帽子の帯の役目は、現代では、裏地に綴じられて走る二本の紐に取り入れられたが、それがまた廃れるようになっている。今では一般に、もはや帽子を頭に密着させるためのものではない小さな一本の紐になっているからである。

今の山高帽が特徴の大半を引き継ぐことになった祖先の帽子は、つばの幅が広く、山が低い帽子で、膨大な羽根飾りが肩まで下がっていて、これはチャールズ二世の治世の間には被られていた。その後の一七世紀の末から一八世紀にかけて、この帽子は羽根飾りが省略され、つばにさまざまな「ひさし（コック）」をつけることで変化した。こうしたまくり上げられる「ひさし」が、かつては一時的にまくり上げるものだったことは、ホガースの「シドロフェルと従僕のワカムを叩くヒューディブラス」の絵に示されていて、そうしたつばが帽子の前面に三つのボタンで留めてまくり上げられているところが描かれている。

これは一七世紀の帽子だろう。その後、一八世紀には、つばは二、三か所で折って上向きにされ、こうした「ひさし」は、恒常的に折られるようになったものの、この帽子のボタンと右側の紐にその由来を留めている。帽章（コッケード）は、私が想像するに、「コック」の一つにつけたバッジだったことからその名がついたのだろう。

明らかに不規則な形をした現代のひさしつき帽子は、調べれば、先に述べた形の帽子にすぎないことがわかる。さらに、かつては右側が左よりも上に曲げられていたらしい。帽子は対称的ではなく、右側の「ひさし」は（かつての）縁でまっすぐな折り目をなし、左側のひさしは中央の山の方へ曲げられ、帽子の右側は左よりもまっすぐになる。ここに帽子の帯が二本の金の房飾りの形で残っていて、ひさしつき帽子の二つの先端の中に見えるだけとなっている。

司教の帽子は、三つのひさしがある帽子から今の山高帽への移行を示す。また六〇年前には帽子にビーバーの毛皮をつけるのが流行だったので、その名残で現在はシルクの模造品をつけなければならないが、それが毛皮だと思う人はいないし、これは天候の影響には弱い。婦人のボンネットにもつば、山高、帯に相当する部分がたどれるかもしれない。

軽騎兵の「バズビー」〔英近衛兵が被るような背の高い帽子〕は、変わった残存例を示している。今ではただの変わったかぶりものに見えるが、よくよく見るとそういうわけではないことがわかる。軽騎兵は元はハンガリーの兵士で、わが国にやってきてその帽子ももたらした。私はこの帽子の意味の手がかりを、ハンガリーの農民の絵に見つけた。農民は赤いナイトキャップ、つまりわが国のビール職人、あるいはシシリアの農民が被るようなものを被っていて、その帽子は幅のある毛皮の帯で縁取られ、それが実は背の低い「バズビー」になっていた。わが国の軽騎兵では毛皮が巨大になり、たるみは縮小して、はためく飾りになった。被り心地のために外されたのかもしれない。最近の、イギリス工兵隊の新しい「バズビー」では、たるみは消えたが、帽子のてっぺんは（毛皮ではなく布製）まだかつてのたるみと同様に青い。しかしてっぺんは上から俯瞰しなければ見えない。

すべての帽章と羽は帽子の左側につけられ、これは私が思うに、チャールズ二世の時代につけられていた、あるいは今のイタリアのベルサリエーリ〔狙撃兵〕がつけている大きな羽が〔右側に〕あると、剣が自在に使えなくなるという事実によって説明される。この同じ説明が、帽子の右側の「ひさし」が最初に立てられた事情を示すのにも使える。ロンドンの公務員なら、剣を自在に振るえるようにするために帽章を左側につけようとは思ったりはしないだろう。

コート――コートやベストの折られた襟に切れ込みがあるのに誰もが気づいたことがあるにちがいない。これはもちろん首を覆ってボタンで留められるようにするものだが、今や痕跡器官の状態にある。この切れ込みはおそらく適切な場所にはなく、少なくともベストでは、必要とするボタンもボタン穴もない。

「現代紳士のコートは、チャールズ二世の治世末頃に着られたベスト、あるいは長い上着に由来をたどれると言ってよい」。このベストは腰のところにギャザーはなく、前面全体がボタンつきで、ゆるい袋のような形だったらしい。乗馬しやすくするために、背面には切れ目（スリット）が入っていて、これを着やすいようにまくり上げてボタンで留めることができた。ボタン穴はかがられ、スリットのそれぞれの側の刺繍の柄を合わせるために、ボタンは、対応するボタン穴に合うよう細長いレースに縫い付けられた。こうしたボタンとボタン穴はその痕跡を一世紀後のコートに、背中の裾（テイル）のスリットの両側にある金のレースの形で残している。

一七〇〇年頃には、ベストやコートをウェストで絞るのが流行になり始めていて、これは最初、尻のあたりの二つのボタンを、ウェストの高さあたりで、コートのかなり端にある輪に留めて行なわれたらしい。わが国の兵士は今、だいたい同じ様式の、短い帯を背中側にかなり離してつけた二つのボタンで留めて、緩いオーバーコートのウェストを絞っている。

この古い流行は、「桶物語」〔ジョナサン・スウィフト〕の古い挿絵にある一六九六年当時の服装を身につけた人物や、ホガースの「この肘掛け椅子にて正義は勝利する」などにも描かれている。しかしこの服装の移行期に描かれた版画は少なく、コートの脇の腕に隠れた部分がよく見えるものは、当然、めったにはない。このウェストで絞る習慣は、ボタンとボタン穴が正面の下の方に残されても、コートは正面を開けて着るようになったことを説明するものと思う。

コートは、この後ろのボタンの下のいくつものプリーツや折り目を折り縫いするが、ホガースの絵の多くでは、ボタンやプリーツは残っている。ただしボタンの上の折り目は消えていて、縫い目はボタンから腕の下へ走っている。そのような詳細にかけてはホガースの正確さは有名で、したがってホガースの版画は当時のデザインの研究にとって非常に貴重だということは言っておいてよい。一七世紀の末から一八世紀の初頭にかけて、コートは裾の端から腕の下まで走るスリットがあるのがごく普通らしく、これはあらゆる点でテイルのスリットに似た様式で、ボタンで留めるようにできている。剣はたいていコートの下につけていて、剣の柄は左側のスリットをくぐり抜けている。後にこのスリットは縫って閉じられたらしく、ボタンとボタン穴は消えたが、スリットのすぐ上にあった二つか三つのボタンは残った。だから一七〇五年頃のコートには、三つのスリットの上部あたりにいくつかのボタンが集中しているのは珍しくはなかった。中央のスリットの上のボタンはすっかり消えたが、コートの背面の二つのボタンは、尻の部分にあったボタンにその系譜をたどれる。つまり、現在のボタンが、すでに解説したようにウェストを絞るために使われているとしても、それがこうした脇のスリットを閉じるためのボタンも表しているというのはありえないことではない。

我々が今着ている背中のボタンの下にある折り返しは、テイルのポケットとなる凹みとして作られたかのように見えて、実際、広くそのように使われているが、実は下がるプリーツの末裔である。ただ、今の使い方は元々の目的とは異なるということは、前世紀にそのポケットは縦か横に、二つの尻のボタンの少し前に置かれていて(その後背面へとぐるりと回ってきた)、念入りにかがられた蓋、ボタン、ボタン穴があったという事実によって証明される。横筋のポケットは、言うまでもなく今の法服のポケットの蓋にたどってよく、縦筋のポケットは奇妙な刺繍やボタンの並びに表されていて、これは近衛歩兵の上着のテイルに見られることがある。この最後の痕跡が今の形に縮退した様子の詳細は、制服の書物にたどればよく、その一段階は、しばしば、従僕のお仕着せに、テイルの端近くまで走る、コートに縫い付けられている波形の布(ポケットの蓋)に縫い付けられた三つか四つのボタンの並びの形で見られる。

前世紀には、コートに大きなばたばたする裾があって、ボタンでコートの背中側の隅の二か所に留めたり(ホガースの絵に見られるように)、また前の内側の隅に留めて、乗馬の際に都合がいいようにテイルを分けるのが習慣になった。この習慣は、わが国兵士の制服の現代的な上着の導入に至るまで痕跡を残していて、そのような痕跡は、たとえば、統監の制服やフランスの憲兵の制服のように、今もいくつかの制服に見られることがある。ここで述べている制服では、コートには燕尾があり、これは明るい色で幅広く縁取りされ、上の方が狭く、下の方が広がっていて、テイルの下の端で、縁が出会うところには〔結合部にはたいていボタンが一つある〕、コートと同じ色で小さな三角形があり、頂点がボタンのところにくる。この奇妙な外見は次のように説明される――二つの隅は、一方が前方に、もう一つは後方にボタンで留められ、実際にはコートの端にボタンで留められないが、いうなれば少し奥地へしっかり固定しなければならなかった。そのためコートの一部がテイルの下に見えていた。明るい色の縁飾りはコートに縫い付けられているが、裏返った隅によって示される裏地を表しているのは今や明らかである。

コートが今の夜会服のコート〔燕尾服〕のようにウェストで切り詰められたのはジョージ三世の治世になってからだが、その流行が取り入れられる前はコートは先に説明したような形で燕尾服になったので、このコートの形はそれ以前の流行によって示唆されていた可能性が高そうである。そして実際、古い版画に中間的性格の発達段階が見られることがある。前世紀の制服では、コートはボタンがダブルだったが、一般に前を開けて着ていて、裾は後ろへ回してコートに並んだボタンで留められる。この裾はもちろんコートの裏地を見せていて、テイルと同じ色になっていた。前世紀の末にはコートはきつくなり、正面でフックを使って締められたが、裾の名残は二列のボタンに残っていて、コートの正面は他の部分とは別の色で、ふんだんにレースで飾られている。こうした種類の制服は外国の軍隊にはまだ残っている。これはまた「定色（フェイシング）」という言葉〔字義的には「表に出す」といった意味〕が、制服の襟章や袖章の部分に用いられることも説明する。つまり後で見るように、これはそうした裾と同じ色になるからである。

これは軽騎兵などの連隊で行なわれるような、コートの正面の縁を飾る習慣も説明する。
一七六二年に『ロンドン・クロニクル』紙に掲載された「男性ファッションの歴史」にはこうある。「シュルトゥー〔体に密着するコート〕の左右それぞれに四つの縁取りがついている。これは「犬の耳（ドッグズイヤー）」〔折り目〕と呼ばれる。この部分のボタンが外されると、一方の側が留められただけの多くの余分な布切れのように、前後にばたばたはためく。またこれを着て剣の試合をすると、コートがばらばらに切れてしまうまでになったらしい。おしゃれな人はシュルトゥーの胸にボタンやボタン穴をつけず、耳元のものは残し、その衣類は寝間着のガウンのように体をくるむだけになっている」。この折り目は今ではパトロールする警官の上着の胸でまったく無意味な状態にあるのが見られ、これはその上着にボタンがなく、ホックで留められている事実によって確かめられる。

コートが絹やベルベットで、途方もなく高価だったその昔には、つねに袖をまくってコートが汚れないようにしていたので、それで袖の折り返しをつける習慣が現れたのは疑いない。一七世紀後半と一八世紀には、この袖口は非常に大きく折り返され、その結果袖本体は非常に短くなり、そのため、ダンディな人々はシャツに大きなレースの袖をつけるようになった。

ホガースなどの絵には、コートの袖口が折り返されて手首を囲んで並ぶボタンに留められているところが見える。こうしたボタンは勅選弁護士の袖に今も存在するが、袖口は折り返されて縫い付けられ、ボタン穴はモールの形で存在するのみになっている。この習慣は、今のわが国の兵士では、袖口の色がコートとは異なっている理由を明らかにする。裏地の色は、おそらく連隊ごとにそのときの連隊長が決めていたものであろう。かつては衣服を支給するのは連隊長だったからで、フェイシングの色は最近になるまで決して一定ではなかった。袖口の形は最近では戦列連隊では変化していて、元の意味はなくなった。

折り返しをしやすくするために、袖は一般に外側で割れていて、この割れ目はボタンとかがったボタン穴の列で閉じることができた。ホガースの絵では、このボタンのうち二つか三つが折り返された袖口の上にふつうに見られる。そして最初は袖口の裏返ったところに（見えるはずの）ボタンは見えなかったが、折り返しが定まった習慣になった後、袖が再びきつくなったときには、袖口用のボタンは本来の内側、つまり実際には袖の外側に縫い付けられるのが通例になったらしい。

初期段階はホガースの「フィンチレイへ行進する近衛兵」の絵に見られることもあるし、今に残る痕跡は、現在の近衛連隊の袖口に見事に現れている。近衛連隊の上着の袖口と襟についている変わったボタンと金のレースには同様の説明がつくが、これは制服に関する本、たとえばキャノンの『第二近衛竜騎兵の歴史』などを参照しないとほとんどわからない。

コートの襟は通常の天気なら下ろされていて、裏地が見える。それで襟は一般にコート本体とは違う色になっていて、制服では袖口と同じ色になっており、袖口は襟とともにいわゆる「フェイシング」をなす。ラクロワの『服装』という研究にあるリュシアン・ボナパルトを描いた絵は、巨大で頭のてっぺんの高さにもなろうかという襟を見せている。この絵は、今世紀〔一九世紀〕初めの制服につけられた、コート本体とは色違いの、幅広の立襟さえ、折り襟という古い形の残存にすぎないことを示している。同様な色の違いが、襟はもともと折り襟だったことを示すものの、最近では、すべての制服で立襟になっている。

通常のコートの手首の部分を一周するモール、あるいは縫い目の部分は、明らかに袖口を裏返した最後の名残である。

長ズボン――ここではパンタロンには長ズボン（トラウザーズ）と半ズボン（ブリーチス）の中間段階があり、その移行において、半ズボンの膝のボタンが足首へ下りていったことを述べておくだけにしよう。実際、長ズボンの膝から足首にかけてボタンが並んだドイツの従僕を見たこともある。

ブーツ――申し分のない痕跡の一つはトップブーツに現れている。この種のブーツは元は膝より上に達するようになっていて、古い絵に見られることがあるように、上部を折り下げて、上ではぐるりと裏地が見えるようになっていた。裏地は黒くしていない皮なので、今、履いているように、トップが茶色になっていた。元々の靴紐は、いちばん上に縫い付けられて固定された単なる革の紐という形で見られ、実際に機能する紐はブーツの内側に縫い付けられた。トップの後ろ側はやはりしっかり締められ、どんなに工夫しても、めくり上げて元の位置に戻すことはできないようになっていた。

あらためて考えてみると、我々はなぜブーツを黒くして磨くのか。鍵はフランス語の*cirage*（シラージュ）、つまり靴墨にある。我々がブーツを黒くするのは、茶色い革では、濡れたり使ったりすると、自然に色が変わって黒っぽいしみになるので、元から黒い色にした方が見栄えがよいからである。今は、射撃用のブーツはたいてい油が塗られていて、かつては通常のブーツも同じように処理するのが習慣だったことは「アルジェンティルとクラン」というバラードの次のようなくだりに表れている。

「駄馬を質に借金し

めったにないラセットを着て
ベーコンの脂で
スタートップを黒く柔らかくする」

スタートップとは田舎風の長靴の一種。フェアホルトは著書で、「ブーツやシューズ用の最古の靴墨は、濃密で粘っこい、脂でできた材質だったらしい」と述べている。しかしきちんとしたブーツ用には、脂よりはきれいな物質が求められ、そこでワックスが考えられることになる。これはフランス語の*cirer*（シレ）、つまり普通には「ワックスをかける」、あるいは「靴を磨く」の意味の単語からきている〔その名詞形が*cirage*〕。ブーツが磨かれるのは当然、ワックスでよい艶が出るからである。近年はエナメル革が、黒く見せるための模造品となった。

男の服装について主要な品目を見渡し、痕跡、あるいはタイラー氏の言う「残存」がいかに多く、興味深いかを示した。さらに調べれば他にも多くのものが存在することがわかる。たとえば、大学などで着られるさまざまなガウンも例となる。こうしたガウンはエリザベス女王の治世にはすでにただの上衣になったが、単なる地位の象徴として今も残っている。その主たる特徴は袖にあり、その特徴のほとんどすべてが、袖をつけなくてもよくなったり、あるいは面倒でなくなったりするようなさまざまな工夫に向かっているところが興味深い。たとえば、法廷弁護士のガウンにある折り目やボタン、学士のガウンの袖の正面にあるスリットがその例となる。修士のガウンでは、袖は膝より下まで伸びているが、脇には腕を抜ける穴がある。袖は縫い上げられているが、下の方に一種の波形の裾があって、手首用に細くなる部分となる。弁護士のガウンには左の肩に縫い付けられた小さなフードがあり、これはフードの形に開くことはできても、乳児を抱いてその頭に被せることはない。

しかしこうした残存物が存在するのは服装だけのことではなく、日常生活のあらゆるところに見られる。たとえば、道がひどくて馬車の客室の席でもたれることができないようなところを通ったことがあれば、列車の一等客室にあるような吊り革があれば得られる恩恵はわかるだろうし、客室の場合にはそれはただの残存物だということにも同意されるだろう。列車の車両の外側にある丸い飾り格子は、馬車はそれに固有のパターンで作られるものという考え方の名残を示している。「ガード」という単語は馬車の客室の後ろに座って銃で乗客や郵便を守る人物に由来する。

バーミンガム鉄道の初期の列車（一八三八〜三九）では、特殊な「郵便〔馬車〕」車両があり、これは非常に細く作られていて、各車室には四人（二人掛け×二）しか乗れなかったので、すでに過去のものになってしまった馬車の車室のようだった。

校正刷りに手を入れるときに使われた「dele」〔トル〕や「stet」〔イキ〕という単語、脚注で用いられる、「sed vide」あるいは「s. v.」〔ただし〜を参照のこと〕、「ubi sup.」〔上記〕、「ibid.」〔同前〕、「loc. cit.」〔前掲箇所〕といった言葉、「et」という単語が崩れたものにすぎない「&」記号、本の終わりに最近まで描かれた単語「finis」など、すべては疑いもなく、本がラテン語で書かれていた時代の残存物である。挿入を書き込むときに使われる「‸」のマークは、文の中の挿入されるところを指す矢印の名残らしい。官有品を示す「太鏃（やじり）」記号は「リチャード一世の昔〔一二世紀後半〕に王の前で護衛官が携えていた、かかりつき槍」の穂先の残存である。さらにまた、我々はたいてい、馬には左側から乗る。剣が邪魔にならないようにするためである。馬の上腹帯にの上の小さな鞍、布張りの本の背にある縫い目、手袋の甲にある縫い目などは痕跡だが、そうしたものを挙げていけばきりがない。しかし私は、「原因のないものはない」ことを忘れないことによって、普通の日常的事物にさえ観察すれば、一見したときに思ったよりあだやおろそかにはできないことがあることを示すに十分なことを述べた。

厳粛な儀式のときに人は古めかしい形式を維持しているというのは通則に見える。かくて、宮廷礼服は前世紀の日常的服装の残存であり、将軍の制服は通常の服装よりも痕跡がたくさんあり、騎乗御者つきの馬車は結婚式には欠かせず、（サー・ジョン・ラボックが挙げたような）未開国の神官は金属の使用を知っても犠牲のためには石包丁を使い、イギリスの司祭は今なおガス灯より蠟燭を好むといったことになる。

本稿で述べた詳細は、単に好奇心をそそるだけで、たぶんそれ自体はたいしたことではないだろうが、進化の観点から服装を調べることは、自然淘汰とそれに対応する発達の学説が適用できるほとんど無限の分岐をさらにまた明らかにすることを示している。

http://evolution.about.com/od/scientists/p/Erasmus-Darwin.htm

8. 8. Darwin, Charles, *The Life of Erasmus Darwin*, http://www.amazon.com/Charles-Darwins-Life-Erasmus-Darwin/dp/0521298741
9. van Wyhe, John, editor, 2002-, *The Complete Work of Charles Darwin Online*. (http://darwin-online.org.uk/) Darwin, George H. 1872. "Development in dress", *Macmillan Magazine* 26: 410-416.
   http://darwin-online.org.uk/converted/Ancillary/1872_dress_A570.html
10. 法律家でもあり科学者でもあったジョージ・ダーウィンは、ケンブリッジ大学で天文学および実験哲学教授を務めた。王立天文学会（RAS）のフェローでもあり、後には会長にもなった。同会は1984年、賞と受賞講演を設け、その名を冠した。

や加速的推進力の嵐のような打撃の下で揺らいでいる。もはや資源が判断の範囲を限定するのではなく、判断の方が資源をなす」。トフラーは、現代社会は、社会や技術の変化による変容的革命に直面していると論じて、情報過剰に陥る1970年代のストレスを責めた。40年以上たって、携帯電話やリモコンやタブレットやコンピュータをいじるとき、トフラーの言い回し、状況、社会的影響は残っていて、トフラーが予言したように、年中無休で絶えず変化する世界への継続的適応を求めている。

第9章　追記

1. フランシス・ダーウィンはチャールズ・ダーウィンの三男で第七子。植物学者で父との共著『植物における運動の力』（1880）を生んだ実験を、父と協同して行なっていて、その共著書では、草の苗が光の方に伸びる現象、つまり光屈性を報告している。フランシスはリンネ協会や王立協会の会員で、『チャールズ・ダーウィン自伝』（1887）〔八杉龍一、江上生子訳、ちくま学芸文庫（2000）〕、『チャールズ・ダーウィンの生涯と手紙』（1887）、『チャールズ・ダーウィンの手紙追録』（1905）や、トマス・ハクスリーの『種の起源の受容について』（1877）などの編集も行なった。
2. 「優生学協会は1907年、優生学教育協会として創立された。人間の選択による交配を指す言葉として「eugenics〔優生学〕」を造語したゴルトン［フランシス、遺伝学者］が初代会長に選ばれた。同協会が宣言する目標は『人間が親になることにかかわるすべての問題を、優生学的理想の支配下に置く』ことと、遺伝の知識と法則を通じて『種族の改良を実現する』ことだった」。“Codebreakers: Makers of Modern Genetics, The Eugenics Society Archive,” *The Wellcome Library*, http://wellcomelibrary.org/collections/digital-collections/makers-of-modern-genetics/digitised-archives/eugenics-society/
3. “ Zoonomia,” *Wikipedia*, https://en.wikipedia.org/wiki/Zoonomia
4. 『ズーノミア』の復刻版は、アマゾンのhttp://www.amazon.com/Zoonomia-Erasmus-Darwin/dp/1248111-737で入手できる。この本は、プロジェクト・グーテンベルクの、エラズマス・ダーウィンの5点も含む52,238点の電子ブックの一つでもあり、オンラインでも、図版あり、なし、いずれでも、デスクトップにダウンロードして、あるいはキンドルのデバイスで読むことができる。2016年6月12日時点では、直近の30日で73回ダウンロードされていた（http://www.gutenberg.org/ebooks/15707?msg=welcome_stranger）。
5. “Erasmus Darwin (1731-1802),” http://www.ucmp.berkeley.edu/history/Edarwin.html
6. 同前。
7. Scoville, Heather, “Darwin, Erasmus”, About Education.com,

28. 心にありうる力についてのダーウィンの発言は、ジークムント・フロイトの著述に先んじているが、フロイト自身はダーウィンの研究に魅了されていて、それを人間の自尊心と自分が宇宙の中心にあるという見方に重要な影響を与えた3つのうちの1つと見た。『精神分析入門』（1915〜1917）となった一連の講義の第18講にはこう述べられている。「人類は時をへて、科学の手から、自らに固有の自己愛に対して与えられた2つの大きな侮辱に耐えなければならなかった。第一は、地球が宇宙の中心ではなく、ほとんど考えることもできないほど巨大な世界体系の中の小さなかけらにすぎないことを認識したときで、これはわれわれの頭ではコペルニクスの名に結びついているが、古代のアレクサンドリアの学説もよく似たことを教えている。第二の屈辱は生物学の研究から、人間は特別に創造されたものという特異な特権が奪われ、動物界の子孫であり、その中に根絶できない動物的本性があるということになったときのことである。この価値変動は、現代のチャールズ・ダーウィン、［アルフレッド・ラッセル・］ウォレス［(1823〜1913)、イギリスの自然学者、探検家、地理学者、人類学者、生物学者で、1858年に、ダーウィンの著述のいくつかとともに自然淘汰に関する論文を発表した］、それに二人の先駆者の刺激によってなされており、同じ時代の人々からの激しい反論を受けずにはすまないことだった。しかし人間の偉大さへの欲求は今や第三の、現代心理学研究による最も厳しい打撃を受けている。これは各人の「自我」に対して、それが自分の家の主人でさえなく、自身の心で無意識に進行していることについての情報のほんのかけらであることに満足せざるをえないことを証明しようとしている。われわれ精神分析家は、人類に内面を見るべきだと唱えた最初でも唯一の存在でもなかったが、最も強固にそれを唱え、誰とも密接にかかわる経験的証拠によって支持することがわれわれの運命であるらしい」。Sigmund Freud, “An Introduction to Psychoanalysis,” Project Gutenberg, http://www.gutenberg.org/files/38219/38219-h/38219-h.htm

さらに以下を参照

過去でも未来でも、言語の一部として残る言葉を生み出すほど知的、あるいは幸運な人は少ない。ジャーナリストのアルヴィン・トフラー（1928〜2016）はそういう発案の才のある人物の一人だった。1972年のベストセラー『未来の衝撃』〔徳山二郎訳、中公文庫（1982）など〕には、私たち人類が生き残るためには、進化する体や脳よりも、「これまでより無限に適応可能で有能になる」ことを可能にするような進化した姿勢を必要とすると書いている。「われわれは自らの足元を固める全面的に新しい方法を探らなければならない。古い根――宗教、国家、コミュニティ、家族、職業――は今

19. "Brain size," *Wikipedia*, https://en.wikipedia.org/wiki/Brain_size
20. Zimmer, Carl, "Updated Brain Map Identifies Nearly 100 New Regions," *The New York Times*, July 20, 2016,
http://www.nytimes.com/2016/07/21/science/human-connectome-brain-map.html?login=email&hpw&rref=science&action=click&pg type=Homepage&module=well-region®ion=bottom-well&WT.nav=bottom-well&_r=0&mtrref=www.nytimes.com
21. Stiles, Anne, "Literature in Mind: H. G. Wells and the Evolution of the Mad Scientist," *Project Muse*, http://muse.jhu.edu/article/261981/pdf
22. Lamm, Nickolay, "What Would Barbie Look Like As an Average Woman?" December 22, 2013, http://nickolaylamm.com/art-for-clients/what-would-Barbie-look-like-as-an-average-woman/
23. Olson, Parmy, "What human faces might look like in 100,000 years," the *Guardian*, September 18, 2013, https://www.theguardian.com/science/2013/sep/18/human-faces-in-the-future
24.「イングリッシュ・ブルドッグは、子どもっぽい外見とふるまい方のため、世界中で人気の犬種である。犬種を創り出すために必要な体形と行動の変化には、先祖をはるかに超える肉体的変化が必要となった。この変化は何百年もの間に生じるが、この数十年の間にはとくに急速になった。残念ながら、人気と健康は一体ではなく、ブリーダーには、今や犬種と健康に影響する極端な体の変化を穏当にする圧力が高まっている……遺伝的多様性の喪失は、通常の免疫反応を調節する遺伝子の多くを含むゲノムの領域にも目立っている。遺伝的多様性の喪失とゲノムのさまざまな領域での極端な変化は、犬種の健康を既存の遺伝子プールの内側から改善するのを難しくしている。さらに、イングリッシュ・ブルドッグが処理してもらわなければならない問題は、短頭によるものではなくても、犬種内交配に内在する多くの重大な健康問題など、他にもある」。Pedersen, Neils, P., Pooch, Ashley H., Liu, Hongwei, "A genetic assessment of the English bulldog," *Canine Genetics and Epidemiology*, July 26, 2016,
https://cgejournal.biomedcentral.com/articles/10.1186/s40575-016-0036-y
25. Shapiro, H.L., "Man—500,000 Years From Now, A Scientific Attempt to Forecast What May Occur in the Future Evolution of Man", *Natural History*,
http://www.naturalhistorymag.com/picks-from-the-past/151691/man-500000-years-from-now?page=2
26. *American Heritage Dictionary of the English Language*, Fifth Edition, 2011, Houghton Mifflin Harcourt Publishing Company, http://www.thefreedictionary.com/transhumanist
27. Owen, 前掲記事。

https://news.nationalgeographic.com/news/2003/09/11/future-humans-four-ways-we-may-or-may-not-evolve/
5. Wade, Nicholas, "How Did People Migrate to the Americas? Bison DNA Helps Chart the Way," *The New York Times*, August 10, 2016, http://www.nytimes.com/2016/08/11/science/how-did-people-migrate-to-the-americas-bison-dna-helps-chart-the-way.html?hpw&rref=science&action=click&pgtype=Homepage&module=well-region ®ion=bottom-well&WT.nav=bottom-well
6. Owen, 前掲記事。
7. Derbyshire, 前掲記事。
8. Schilthuizen, Menno, "Evolution Is Happening Faster Than We Thought," *The New York Times*, July 23, 2016, http://www.nytimes.com/2016/07/24/opinion/sunday/evolution-is-happening-faster-than-we-thought.html
9. Jabrh, Ferris, "Urban Ecologists Are Studying How Wildlife Have Evolved to Fit Their City Environment, Blockby Block," *New York Magazine*, http://nymag.com/daily/intelligencer/2015/01/uptown-mice-are-different-from-downtown-mice.html
10. 同前。
11. 同前。
12. Bilger, Burkhard, "The Height Gap, Why Europeans are getting taller and taller and Americans aren't," *The New Yorker*, April 5, 2004, http://www.newyorker.com/magazine/2004/04/05/the-height-gap
13. 同前。
14. "Achievements in Public Health, 1900-1999: Healthier Mothers and Babies," Centers for Disease Control and Prevention, http://www.cdc.gov/mmwr/preview/mmwrhtml/mm4838a2.htm
15. Mathews, T. J., MacDorman, Marian F., "Infant Mortality Statistics from the 2010 Period Linked Birth/Infant Death Data Set," *National Vital Statistics Report*, Volume 62, Number 8, Centers for Disease Control and Prevention, December 18, 2013, http://www.cdc.gov/nchs/data/nvsr/nvsr62/nvsr62_08.pdf
16. Murphy, S. L., Xu, J.Q., Kochanek, K.D., "Deaths: Final data for 2010," *National Vital Statistics Reports*, 61 (4), Hyattsville, MD: NCHS; 2012, http://www.cdc.gov/nchs/data/nvsr/nvsr61/nvsr61_04.pdf.
17. Owen, 前掲記事。
18. "Beyond our Lizard Brain," The American Museum of Natural History, http://www.amnh.org/exhibitions/brain-the-inside-story/your-emotional-brain/beyond-our-lizard-brain

ちり」を参照）リチャード・オーウェンの*Anatomy of Vertebrates*との両方を引用している。Darwin, 前掲書。
21. Sekimoto, Hiroyuki, "Plant Sex Pheromones," *ScienceDirect*, http://www.sciencedirect.com/science/article/pii/S0083672905720136、および、"Pheromones," oilsandplants.com, http://www.oilsandplants.com/pheromones.htm
22. Rinzler, Carol Ann, *Leonardo's Foot*, New York: Bellevue Literary Press, 2013
23. Meredith, Michael, "Human Vomeronasal Organ Function: A Critical Review of Best and Worst Cases," *Chemical Senses* (2001) 26 (4): 433-445. http://chemse.oxfordjournals.org/content/26/4/433.full

第8章　未来の人間

1. "Russian famine of 1601–03," *Wikipedia*, https://en.wikipedia.org/wiki/Russian_famine_of_1601
2. ワイナプチナは、「1600年に単独で火山爆発指数6の壊滅的噴火を起こした地点であり、規模の点、ならびに中央アンデスで史上唯一の大規模爆発的噴火であることだけではなく、地球規模での気候への打撃の点でも特筆すべきものだった。噴火は2月19日から3月6日まで続き、プリーニ式噴火〔プリニウスが遭遇したヴェスヴィオス火山の爆発にちなむ、噴煙を高く上げる噴火〕、ドーム形成、山体崩壊で構成されていた。噴火は『山脈の中央にある低い峰』と述べられていた1600年以前の山容を完全に破壊した。噴火による火山灰は広がり、今なお、周辺の土地の大部分、80km離れたアレキパまで覆っている。地球規模では、噴火の後の何年かの夏は直近の500年の中で最も冷たい夏となった。ワイナプチナから噴出した硫黄酸化物のエアロゾルが地球大気圏に浸透し、太陽光を反射して、この地球規模の気温低下をもたらしたと考えられる。グリーランドの氷床コアの酸性度分布では、噴火が1883年のクラカタウ〔ママ〕噴火よりも規模の大きい酸性度の急上昇を生み出し……1601年には北半球で顕著な光学的影響が報告されている……氷床コアからは32メガトンの硫黄が噴出したと推定されるが、岩石学的推定からは、この硫黄の大部分はワイナプチナのマグマには存在せず（2〜4メガトン）、共存した蒸気相あるいは熱水系に由来する可能性を示す」。"Huaynaputina," http://volcano.oregonstate.edu/oldroot/CVZ/huaynaputina/index.html
3. Derbyshire, David, "Evolution stops here: Future Man will look the same, says scientist," *The Daily Mail*, October 7, 2008, http://www.dailymail.co.uk/sciencetech/article-1070671/Evolution-stops-Future-Man-look-says-scientist.html#ixzz43rK2nIou
4. 4. Owen, James, "Future Humans: Four Ways We May, or May Not, Evolve," *National Geographic News*, November 24, 2009,

http://www.etymonline.com/index.php?term=spleen

8. 割合の数値には変動があり、「Digestive Disorders Health Center〔消化器障害健康センター〕」のような同じサイトでも、異なる二つの項目の間で、違っていることとさえある。"Picture of spleen," WebMD, http://www.webmd.com/digestive-disorders/picture-of-the-spleen〔10%の方〕
9. "Splenectomy," WebMD.com, http://www.webmd.com/digestive-disorders/splenectomy〔30%の方〕
10. Darwin, 前掲書。
11. 雌のカモノハシには乳頭もない。この動物は皮膚に開いた穴から乳を分泌する。
12. "Jack Newman, MD, IBCLC," *BreastFeeding Online*, http://www.breastfeedingonline.com/newman.shtml#sthash.2Fi3SaLt.dpbs
13. Swaminathan, Nikhil, "Strange but true: males can lactate," *ScientificAmerican*, September 6, 2007, http://www.scientificamerican.com/article/strange-but-true-males-can-lactate/
14. Ghose, Tia, "Does Circumcision Hurt Sexual Pleasure? Study Draws Fire," Livescience.com, http://www.livescience.com/27769-does-circumcision-reduce-sexual-pleasure.html
15. "Anticircumcision lobby groups," circinfo.net, http://www.circinfo.net/anti_circumcision_lobby_groups.html
16. "Newborn Male Circumcision," *American Academy of Pediatrics*, https://www.aap.org/en-us/about-the-aap/aap-press-room/Pages/Newborn-Male-Circumcision.aspx
17. Darwin, Charles, *The Descent of Man*, http://infidels.org/library/historical/charles_darwin/descent_of_man/chapter_01.html
18. 同前。
19. 「前立腺小室［雄の膣と呼ばれることもある］は、多くの哺乳類の雄に見られるが、今では広く雌の子宮とそれにつながる通路に相同と認識されている。ロイカート［ドイツの動物学者で、寄生虫についての近代的科学を創始したルドルフ・ロイカート（1822〜1898）］のこの器官についての優れた記述と推論を読めば、その結論の正しさを認めざるをえない。これはとくに雌の本当の子宮が二股に別れている哺乳類について言える。というのも、こうした動物の雄では、小室がやはり二股に別れているからである」。Darwin、前掲書。
20. この組織についてダーウィンは、トッドの*Cyclopaedia of Anatomy*, 1849-1852にあるロイカート（「人間ではこの器官は長さで3ないし6ラインしかないが、他の多くの痕跡部分と同じく、発達度合いなどさまざまな形質にばらつきがある」）と、自然淘汰の概念についてダーウィンに先んじていたと主張した（第5章「ぱ間の脳が合理的に進化していることのわかりやすい例だ。それに食物に冒険心のある人々は、おいしいと証言もしている。

第7章　なくてもよいもの

1. James, William, *The Energies of Men* (New York: Moffat, Yard and Company, 1908).
2. しかしどちらの側も、心臓の鼓動、血圧、呼吸を支配する。こうした生命にかかわる機能の制御は脳幹という、頭蓋骨の基底部にあって、脊髄につながり、脳の他の身体各部へのメッセージの流れを制御する部分にある。大脳（脳の前面にある二つの半球）の機能を失ったが、脳幹は機能しているという人は、自発的な鼓動と呼吸がある。脳幹が死ぬと、心肺機能が停止して、体を生かしておくのは機械的な生命維持装置だけになる。たとえば、脳死の現代の基準は単に二つの半球だけでなく、脳幹の機能も失われることとする。
3. Goodhill, Olivia, "A civil servant missing most of his brain challenges our most basic theories of consciousness," *Quartz*, July 3, 2016, http://qz.com/722614/a-civil-servant-missing-most-of-his-brain-challenges-our-most-basic-theories-of-consciousness/
この状況は、水頭症で生まれた子が経験することがあるものと似ているが、同一ではない。こちらは2016年7月25日の「ラーニング・チャンネル」で、ジカ熱で生まれた新生児について、「私の赤ちゃんの頭は成長し続けています」と報じられた。
4. "A history of the heart,"
http://web.stanford.edu/class/history13/earlysciencelab/body/heartpages/heart.html
5. "Wake Forest Physician Reports First Human Recipients of Laboratory-Grown Organs," Wake Forest Baptist Medical Center,
http://www.wakehealth.edu/News-Releases/2006/Wake_Forest_Physician_Reports_First_Human_Recipients_of_Laboratory-Grown_Organs.htm
6. "Nine Swedish Women Undergo Uterine Transplants," CBSNews.com,
http://www.cbsnews.com/news/nine-swedish-women-undergo-uterus-transplants/
7. ギリシア語やラテン語で臼子、魚類の精子を貯蔵する精巣を意味する*spleen*による。ヒポクラテスの四体液説の理論［第1章「みいつけた」］を支持する人々にとって、spleen〔脾臓〕は中世生理学では「陰気な感覚や不機嫌の座と見られていた。そこで「激しい不機嫌」（1580年代、spleenfulの意味）という比喩的な意味が生まれ、またspleenless〔脾臓がない〕は「怒り、不機嫌、悪意、恨みがない」ということになる（1610年代）」。OnlineEtymologyDictionary.com,

21. Maheswari, N. Uma, Kumar, B.P., Karunakaran, S,C., Kumaran, S. Thanga, "Early baby teeth: Facts and Folklore," *Journal of Pharmacy and Bioallied Sciences*, August 2012, 4 (Suppl 2): S329–S333,
http://www.ncbi.nlm.nih.gov/pmc/articles/PMC3467875/
22. 人間の左利き、右利きと同様、ゾウは牙に「利き手」があるらしく、左右いずれかの方が、よく使われる。"Elephant," *Wikipedia*,
https://en.wikipedia.org/wiki/Elephant#Tusks
23. "Dentistry," *Wikipedia*, https://en.wikipedia.org/wiki/Dentistry#History
24. 同前。
25. "The Natural History of Human Teeth -John Hunter", UT Health Science Center, http://library.uthscsa.edu/2015/03/the-natural-history-of-human-teeth-john-hunter/
26. "Transplantation," *LiveOnNY*, http://liveonny.org/all-about-transplantation/organ-transplant-history/〔翻訳時点ではリンク切れ〕
27. "The Whole Tooth and Nothing But the Tooth," *Bostonia*, Winter-Spring 2011, http://www.bu.edu/bostonia/winter-spring11/tooth/
28. McCrae, Fiona, "Humans could develop BEAKS like puffer fish because our teeth are 'no longer fit for purpose', claims scientist," *The Daily Mail*,
http://www.dailymail.co.uk/sciencetech/article-2354496/Scientist-believe-humans-grow-beaks-instead-teeth-like-pufferfish.html#ixzz44U7BQD2P
29. Swee J, Silvestri AR, Finkelman MD, Rich AP, Alexander SA, Loo CY. 2013. Inferior Alveolar Nerve Block and Third-Molar Agenesis: A Retrospective Clinical Study. *The Journal of the American Dental Association,* 144(4), 389-395.

さらに以下を参照

歯はどんな口にあろうと、食べるために作られている。しかし私たちが食べるものは時代によって異なり、またもっと重要なことに、食べるものは地理と大いに関係するので、場所によっても異なる。食物の歴史にとくに関心を抱いた人類学者のマーヴィン・ハリス（1927〜2001）は、文句なく楽しく読める『食と文化の謎』（*Good to Eat*, Simon & Schuster, 1985〔板橋作美訳、岩波現代文庫（2001）〕）で、たとえば鶏肉ではなく昆虫を食べる人々がいる理由という問いにこう答えた。森に暮らしていて、誰かが木の上の方の枝に20ドル札と1ドル札を留めているとしてみよう。どちらに手を伸ばすだろう。もちろん20ドル札だ。しかし20ドル札はごくわずかで、1ドル札は無数にあるとしてみよう。鶏肉を20ドル札とし、大型昆虫を1ドル札とすれば、昆虫の方が鶏よりもはるかに多いところで暮らす人々は、ときどき見つかる鶏を追いかけるより、高タンパク、低脂肪、栄養価の高い昆虫を捕まえる方が幸せに暮らせることはわかる。これは文句なく合理的な判断で、人足動物は前足と後ろ足全体を円形に動かすという特徴的な歩き方ができるようになった。初期の四足動物はおそらく今日のサンショウウオのような歩き方をしていて、前に進むとともに、体幹を左右に曲げていたのだろう。四足動物はすべて単独の祖先――陸上に広がることができた魚の一つの系統――の子孫だ。他にもなんとなく似た動き方をするように進化した魚類がいくつかいる」。Zimmer, Carl, "Researchers Find Fish That Walks the Way Land Vertebrates Do," *The New York Times*, March 24, 2016, https://www.nytimes.com/2016/03/25/science/researchers-find-fish-that-walks-the-way-land-vertebrates-do.html

7. その後に同様のつながりを見せるさらに古い化石が発見されてこの結びつけ方はさらに強まった。"Archaeopteryx," *Wikipedia*, https://en.wikipedia.org/wiki/Archaeopteryx
8. "Darwin's finches," *Wikipedia*, https://en.wikipedia.org/wiki/Darwin%27s_finches
9. Scoville, Heather, "Charles Darwin Webquest," About Education.com, http://evolution.about.com/od/Darwin/fl/Charles-Darwin-Webquest.htm
10. Pomerantz, Aaron, "Achoo! Why Galápagos Marine Iguanas Sneeze," *The Next Gen Scientist*, June 9, 2016, http://www.thenextgenscientist.com/〔翻訳時点ではリンク切れ〕
11. "Chadwick's Radio Expedition to Palmyra for Morning Edition," NPR, July 24 & 25, 2000. https://www.npr.org/programs/re/archivesdate/2000/jul/000724.palmyra.html
12. 本節の目録は簡略化しており、各時代の細かい区分がすべてそろった完全な年表となる図は、以下が入手しやすい。"The Geologic Time Scale," University of California Museum of Paleontology, http://www.ucmp.berkeley.edu/help/timeform.php
13. Geologic Times Scale, *Wikipedia*, https://en.wikipedia.org/wiki/Geologic_time_scale
14. 同前。
15. 同前。
16. 同前。
17. Geggel, Laura, "Why Birds Don't Have Teeth," LiveScience.com, http://www.livescience.com/49109-bird-teeth-common-ancestor.html
18. Udesky, Laura, "Wisdom Teeth," *HealthDay*, http://consumer.healthday.com/encyclopedia/dental-health-11/misc-dental-problem-news-174/wisdom-teeth-645686.html
19. Pain, Clare, "Lifestyle Changes Your Jaw," *ABC Science Online*, November 22, 2011, http://www.abc.net.au/science/articles/2011/11/22/3372304.htm
20. 同前。

特定しようとしてまったくできなかったという結論に達して、この長く信じられた神話は、警察によって、また科学者によって、決定的に否定された。アッカーマンは、「これが真実ではないのは残念なことだ。もし真実だったら、私も犯罪者を裁きにかけるのに大いに貢献することになるのに」と言った。

第6章　白い歯

1. Choi, Charles Q., “How Did Multicellular Life Evolve?” Astrobio.net, http://www.astrobio.net/news-exclusive/multicellular-life-evolve/.
2. 2. “The Proterozoic, Eukaryotes and the First Multicellular Life Forms,” Smithsonian National Museum of Natural History, http://paleobiology.si.edu/geotime/main/htmlVersion/proterozoic3.html〔翻訳時点ではリンク切れ〕
3. Retallack, Gregory J., “ Ediacaran life on land,” *Nature*, January 2013, 3, 493,89–92 (03 January 2013)
4. Harris, Richard, “Land Creatures Might Not Have Come From the Sea,” NPR, http://www.npr.org/2012/12/12/167052782/land-creatures-might-not-have-come-from-the-sea
5. こうした歯が海底に沈んで化石になったものは、南極海と太平洋のドレイク海峡を通る水の流れなど、かつての海流の変動を調べる現代の科学者にとっては貴重だ。一方の海域の水の化学的構成は他方のそれと同じではない。化石になった歯はどの水がどこにいつあったかの記録であり、海流がぶつかる様子の歴史的「スナップショット」となる。Chang, Kenneth, “Clues to Oceans’ History In Fish Teeth Fossils,” *The New York Times*, January 22, 2002, https://www.nytimes.com/2002/01/22/science/clues-to-oceans-history-in-fish-teeth-fossils.html
6. 「生物がどう移動するかは、物理的にも進化論的にも大変な意味がある。立ち上がって歩く能力には、骨盤のような特定の骨格の形を必要とする。魚類の大半にはこの骨の集合はない。それでもやはり例外はあるらしい。この場合、洞窟にいて滝をよじのぼる魚、*Cryptotora thamicola*（クリプトトラ・タミコラ）がそうだ。2016年、メージョー大学（タイ）とニュージャージー工科大学の研究者が、タイ北部の洞窟に住むこの種の魚は、地面に落とされると体をくねらせるふつうの魚とは違い、「固い地面で効率的に移動できるように進化した、「四足動物（テトラポッド）〔4本の足で歩く、少なくともそれを持っている〕と呼ばれる初期の陸上脊椎動物」のようにふるまうことを発見した。たとえば骨盤は後肢を背骨につなぐ。その脊椎はかみ合うように縁を発達させ、背骨が重力に引き下ろされたときでもまっすぐ固定されるようにする。この適応により四

https://www.washingtonpost.com/news/volokh-conspiracy/wp/2014/03/30/houston-ban-on-annoying-goo-goo-eyes/
32. Vanden Bosch, W. A., Leenders ,I., Mulder, P., "Topographic anatomy of the eyelids, and the effects of age," *British Journal of Opthalmology*, March 1999, 83(3): 347-352, http://bjo.bmj.com/content/83/3/347.full
33. Pappas, Stephanie, "Bedroom Eyes Make Guys Look Sketchy," *LiveScience*, May 10, 2012, http://www.livescience.com/20222-bedroom-eyes-guys-sketchy.html,
34. Arends, G, Schramm, U., "The structure of the human semilunar plica at different stages of its development—a morphological and morphometric study," *Annals of Anatomy*, June 2004, 186(3):195-207, http://www.ncbi.nlm.nih.gov/pubmed/15255295
35. "Calabar Angwantibo—Arctocebus calabarensis," Carnivora.com, http://carnivoraforum.com/topic/10064654/1/
36. "Nictitating membrane," Medlibrary.com, http://medlibrary.org/medwiki/Nictitating_membrane
37. Arends, G, 前掲論文。
38.「styという言葉（記録にある初出は17世紀）は、おそらくstyany（初出は15世紀）の逆成だろう。こちらはstyanとeyeが合わさったもので、styanは古英語のstigendという動詞stigan、つまりrise〔押し上げる〕に由来する、押し上げるものという意味だ（古英語のGはしばしばYの音になる）。pigstyという組み合わせに見られるstyの同音意義語は少し異なる由来がある。すなわち、古英語のsti-fearh——fearh（farrow）は古英語で豚を意味する単語——に由来し、stigは食堂を意味する（steward（スチュワード）に通じる）。たぶん、初期の古北欧語からの借用語で、これは上のstiganと同根かもしれない」。"Stye," *Wikipedia*, https://en.wikipedia.org/wiki/Stye

さらに以下を参照

眼は像を捉え、それを脳に送り、解読するという点で、カメラだ。しかし古くは、カメラとしての眼という考え方は、それが犯罪と戦う装置になるかもと誤解された。イギリスの作家、A・S・E・〔アルフレッド・シーボルド・イーライ〕アッカーマンが*Popular Fallacies*〔よくある誤謬〕——よくある間違いを解説し、膨大な権威ある資料を参照して正した本（1908）——で、「殺人の被害者はその網膜に殺人犯の姿をとどめている」と書いた考え方だ。これはオプトグラフィという殺された人の眼の奥を撮影して、オプトグラム、つまり殺人者の顔がわかるかもしれない写真を得る術の始まりとなった。殺して眼を撮影して死ぬ前に見たものを見ようと試みて、何匹ともしれない実験動物を犠牲にし、またスコットランドヤードは切り裂きジャックを

http://www.mayoclinic.org/healthy-lifestyle/pregnancy-week-by-week/in-depth/prenatal-care/art-20045302?pg=2
20. Patel, Bhupendra, Meyers, Arlen D., "Eyelid Anatomy," Medscape.com, http://emedicine.medscape.com/article/834932-overview
21. "Cranial features and race," John Hawks weblog, http://johnhawks.net/explainer/laboratory/race-cranium.html
22. Blake, C.R., Lai, W.W., Edward, D.P., "Racial and ethnic differences in ocular anatomy," *International Ophthalmology Clinics*, 2003 Fall; 43(4): 9-25, https://majorityrights.com/images/uploads/eye_anatomy.pdf
23. Posts in Topic "What's so great about double eyelids anyway?" jpopasia.com, http://www.jpopasia.com/forums/posts/whats-so-great-about-double-eyelids-anyway/?topics_id=4266
24. https://www.koji-honpo.co.jp/brand/eyetalk/
25.「光が水中に入るとき、その強度はすぐに下がり、色が変わる。この変化は「減衰」と呼ばれる。減衰は、散乱と吸収の2つの過程の結果として生じる。光の散乱は水中に浮遊する粒子などの微小な物体によって生じる——粒子が多いほど、散乱も増える。水中での光の散乱は、大気中の煙や霧の作用に似ている。Ross, David, "Fish Eyesight: Does Color Matter?" *Midcurrent*, http://midcurrent.com/science/fish-eyesight-does-color-matter/
26. "How do animals protect their eyes?" ebiomedia, https://www.ebiomedia.com/how-do-animals-protect-their-eyes.html〔翻訳時点ではリンク切れ〕
27. "Sleeping With Your Eyes Open—Is It Possible?" EssilorUSA, http://www.essilorusa.com/newsroom/sleeping-with-your-eyes-open-is-it-possible
28. Nakano, Tamami, Kato, Makoto, Morito, Yusuke, Ito, Seishi, Kitazawa, Shigeru, "Blink-related momentary activation of the default mode network while viewing videos," *Proceedings of the National Academy of Sciences of the United States of America*, http://www.pnas.org/content/110/2/702.full
29. Stromberg, Joseph, "Why Do We Blink So Frequently?" *Smithsonian.com*, December 24, 2012, http://www.smithsonianmag.com/science-nature/why-do-we-blink-so-frequently-172334883/#22m-7WCZIV4Kk5OT3.99
30. "Blink quotes," Brainy Quotes, http://www.brainyquote.com/quotes/keywords/blink_2.html#MzwLxLuWeMuZoyhI.99 および http://www.brainyquote.com/quotes/keywords/blink.html#FIOwVdcK8QiTV8Xb.99
31. Volokh, Eugene, "Houston ban on annoying 'goo-goo eyes,'" the *Washington Post*, March 30, 2014,

Anatomy of Vertebrates, vol. iii, p. 260; セイウチについては同じく*Proceedings of the Zoological Society*, November 8, 1854,
http://accounts.smccd.edu/bruni/englishassets/rel_sci/thedescentofman.pdf

13. ペットのハムスターは、一度に片方ずつ瞬きする数少ない動物の1つで、人間がこれをする場合は、瞬き（ブリンク）とは言わず、ウィンクと言う。ウィンクはボディランゲージの一種で、通常、「私は本当は言ったとおりのことを言うつもりではない」とか、もうちょっと思わせぶりに、「こっちへいらっしゃい、ハンサムさん」とかに訳される。ハムスターはおそらく、ただ眼をきれいにしているだけだろう。
14. 生涯犬を愛したダーウィンには、猫の行動は不可解だった。犬がなめるのは愛情のしるしだということは認めていたが、猫には頬、頭、尻尾、足先に、人を含めて自分の「財産」のしるしとして使う匂いを出す腺があることは明らかに知らなかった。この情報不足が、こんな文章で示される当惑を説明する。「なぜ猫は犬よりもはるかに多く体をこすりつけることで愛情を表すのだろう。犬も主人と接触することで喜ぶとはいえ。また犬はいつも友人の手をなめるのに、なぜ猫はときどきしかなめないのだろう。わからない」。“Charles Darwin’s The Expression of the Emotions in Man and Animals,” Biblioklept,
http://biblioklept.org/2015/02/12/on-the-special-expressions-of-cats-charles-darwin/
〔『人及び動物の表情について』濱中濱太郎訳、岩波文庫（1931/1991）〕
15. “Nature’s squeegee—the nictitating membrane,” *Scatterfeed*,
https://scatterfeed.wordpress.com/2014/01/18/natures-squeegee-the-nictitating-membrane
16. 『メリアム・ウェブスター英語辞典』は、「*squeegee*（スクィージー）」〔水洗い後の水を拭うモップのような掃除道具〕という単語の初出を、元はsquilgeeで、1844年のこととしている（http://www.merriam-webster.com/dictionary/squeegee）。それを瞬膜について用いた、最初ではなくても初期の例は、リバプール大学（英）のE・フィリップ・スティッブ教授による1928年の論文だった。“A comparative study of the nictitating membrane of birds and mammals,” *Journal of Anatomy*, January 1928, 62 (Pt 2):159-76,
http://www.ncbi.nlm.nih.gov/pmc/articles/PMC1250027/pdf/janat00621-0037.pdf
17. DeRemer, Susan, “21 Facts About Animal Eyes,” *Discovery*,
https://discoveryeye.org/blog/32-facts-about-animal-eyes/
18. Miller, Paul, “Why do cats have inner eyelids as well as outer ones?”, *ScientificAmerican*, http://www.scientificamerican.com/article/why-do-cats-have-an-inner/
19. “Healthy Pregnancy Week by Week,” MayoClinic,com,

第5章 ぱちり

1. "Richard Owen," University of California Museum of Paleontology, http://www.ucmp.berkeley.edu/history/owen.html
2. Kaufman, M.H., "John Barclay (1758-1826) extra-mural teacher of anatomy in Edinburgh: Honorary Fellow of the Royal College of Surgeons of Edinburgh," *Surgeon*, April 4, 2006 (2):93-100, http://www.sciencedirect.com/science/article/pii/S1479666X06800387
3. "Natural History Museum, London," *Wikipedia*, https://en.wikipedia.org/wiki/Natural_History_Museum,_London
4. "Sir Anthony Panizzi," NNDB," http://www.nndb.com/people/550/000096262
5. "History and architecture," Natural History Museum, http://www.nhm.ac.uk/about-us/history-and-architecture.html#sthash.DJsXKOpI.dpuf
6. 「オーウェン教授は、王立研究所での火曜日（3月19日）の講演で、黒人（つまり人類で最も下等な変種）とゴリラの間の、とくに骨格と脳に現れる明瞭に異なる形質についての解説を始めた。……さて、脳半球の後部にある人に特有の部分は、図3と4にある、ゴリラと黒人の脳を交差する横断線の背後に位置している。このいくつかの部分の特殊な解剖学的詳細が、チンパンジーやオランウータンとの比較で提示され、オーウェン教授は結論で次のように述べた。人は類人猿の変化したものに由来すると唱える人々は、ゴリラとキツネザルの脳の構造の違いはゴリラと黒人の違いよりも大きいと唱え、自分の定義を発言に合わせ、高等な類人猿は側脳室の『後角』や鳥矩、あるいは少なくとも人の種に特異と言われた部分の『痕跡』とともに、『後頭葉』を有することを断言する」。"The Gorilla and the Negro," *The Huxley File*,
http://aleph0.clarku.edu/huxley/comm/ScPr/owen.html
7. "Richard Owen (1804-1892)," University of California Museum of Paleontology, http://www.ucmp.berkeley.edu/history/owen.html
および *The Victorian Web*, http://www.victorianweb.org/science/owen.html
8. "On the anatomy of vertebrates," *Biodiversity Heritage Library*, http://www.biodiversitylibrary.org/bibliography/990#/summary
9. Darwin, Francis, editor, *Autobiography of Charles Darwin and Selected Letters*, New York: Dover Publications, 1992, Pages 90-92, at AboutDarwin.com, http://www.aboutdarwin.com/darwin/WhoWas.html
10. オーストラリアの卵を産む哺乳類、カモノハシとその類縁ハリモグラ。
11. 両「手」と両「足」ではなく、四つの「手」を持つ霊長類。
12. Muller's Elements of Physiology, Eng. translat. 1842, vol. ii, p. 1117, Owen,

lifetime according to complicated and sexually dimorphic patterns—conclusions from a cross-sectional analysis," *Anthropologischer Anzeiger*, December 2007, 65(4): 391-413, http://www.ncbi.nlm.nih.gov/pubmed/18196763
29. "Ears: The New Fingerprints?" *Yale Scientific*, May 12, 2011, http://www.yalescientific.org/2011/05/ears-the-new-fingerprints/
30. 11とする資料もある。Zerin, Michael, Van Allen, Margot I., Smith, David, W., "Intrinsic Auricular Muscles and Auricular Form," *Pediatrics*, January 1982, 69:1, http://pediatrics.aappublications.org/content/69/1/91?variant=abstract&sso=1&sso_redirect_count=1&nf-status=401&nftoken=00000000-0000-0000-0000-000000000000&nfstatusdescription=ERROR%3a+No+local+token
31. Darwin, Charles, *The Descent of Man*, 前掲。
32. Viegas, Jennifer, "Ear wiggling mechanism unmasked," *Discovery*, http://www.abc.net.au/science/news/stories/s1647353.htm
33. Borel, Brooke, "Why can some people wiggle their ears?" *LiveScience*, March 30, 2012, http://www.livescience.com/33809-wiggle-ears.html
34. "No, You Can't: World Record Ideas That Didn't Cut it," *NPR All Things Considered*, October 27, 2011, http://www.npr.org/2011/10/27/141760624/no-you-cant-world-record-ideas-that-didn't-cut-it
35. Viegas, Jennifer, 前掲記事。
36. 36. Miller, Jerome J., "Neuroplasticity in normal and brain injured patients: potential relevance of ear wiggling locus of control and cortical projections," *Medical Hypotheses*, December 2014, 83(6):838-43, http://www.sciencedirect.com/science/article/pii/S0306987714003995

さらに以下を参照

The Quiet Ear, Deafness in Literature（1987）〔静かな耳——文学における聾〕は、当時、イギリス聾協会の名誉図書館長ブライアン・グラントによる選集。音のない人生に関する作品は、ヘロドトスによるクロイソスの聾の息子の話（『歴史』）や、カエサルがアントニウスに「右側にきてくれ、こちらの耳は聞こえないから」と招いた話（シェイクスピアの『ジュリアス・シーザー』）、ルイス・キャロルの『鏡の国のアリス』に出てくる、「セイウチと大工」にある大工の不平、ウィリアム・ギブスンの『奇跡の人』にある、ヘレン・ケラーの母親によるアニー・サリヴァンへのインタビューなどにわたる。

14. McDonald, John, "Darwin's tubercle: The myth," *Myths of Human Genetics*, http://udel.edu/~mcdonald/mytheartubercle.html
15. "Darwin's Tubercle," *Wikipedia*, https://en.wikipedia.org/wiki/Darwin%27s_tubercle
16. The Descent of Man, Chapter 1, Darwin Online.com, http://darwin-online.org.uk/content/frameset?itemID=F937.1&viewtype=text&pageseq=1
17. 同前〔第二版で追加されたもの〕。
18. McDonald, John H., "Attached earlobe: The myth," *Myths of Human Genetics*, University of Delaware, http://udel.edu/~mcdonald/mythearlobe.html
19. 同前。
20. "Earlobe," *Wikipedia*, https://en.wikipedia.org/wiki/Earlobe#cite_ note-7
21. Das, D. D., Dutta, M. N., "A note on earlobe attachment among the Thado Kukis and Kabui Nagas of Manipur," Anthropologist, 2000, 2 (4), 263-264, http://krepublishers.com/02-Journals/T-Anth/Anth-02-0-000-000-2000-Web/ANTH-02-04-207-2000-Abst-PDF/ANTH-02-04-263-2000.pdf
22. Patile, Anupma, "Malformations of the external ear," *The Fetus*.net, 2001-01-02-16 http://www.sonoworld.com/Fetus/page.aspx?id=205
23. 第二の、非常にまれな遺伝子異常、ドナヒュー症候群は1948年にカナダの病理学者ウィリアム・L・ドナヒューが発見したもので、鼻孔が開き、耳の端の方が下がる、エルフ風の顔つきもある。
24. Darwin, Charles, *The Descent of Man*, 前掲。
25. 地球上の至るところに猿はいるが、アジア、アフリカに固有の、ヒヒやマカク属の猿は、「旧世界」猿と呼ばれる。アメリカ大陸に固有のものは「新世界」猿と呼ばれる。両者はどちらも霊長類だが、いくつかの点で異なる。たとえば、ロンドン動物園の新世界猿、ケナガクモザルは尻尾を「手」のように使ってものをつかむ。旧世界猿はそういうことはしない。旧世界猿は小臼歯は2列だが、新世界猿は3列ある。どちらもしばしば先端が尖った耳を持つが、新世界猿の鼓膜は外耳と骨による輪でつながっているのに対し、旧世界猿では頭蓋骨の両側にある骨の管でつながっている。"New World, Old World Monkeys: Comparisons," *Cabrillo.edu,* http://www.cabrillo.edu/~crsmith/monkeycomparisons.html
26. "Stahl ear deformity associated with Finlay-Marks syndrome," http://www.thefreelibrary.com/Stahl+ear+deformity+associated+with+Finlay-Marks+syndrome.-a0230865717
27. "The human ear; its identification and physiognomy" の全文は、以下にある。InternetArchive.org, https://archive.org/stream/humanearitsiden00elligoog/
28. Niemitz, C., Nibbrig, M., Zacher, V., "Human ears grow throughout the entire

それが交互に働いて
ゴムのように伸び縮み
波を次々と生み出すと
お互いに外に押して広がるんだよ
そのいちばん外がおまえの耳に届くまで
耳の中には耳鼻科の医者が
鼓膜、つまり太鼓の皮を見つけてね
その後ろには小さな骨——
malleusって呼ぶ人もいる
でもラテン語に自信のない人々は
つつましくそれを槌と訳す
これが波の振動を
incus骨に伝える
(incusはきぬたで槌があたる)
それが音を
小さな丸い骨に送る
人間にある中でいちばん小さい骨だ
それがあぶみ骨——
輪っかの形をして——
三つの半円形の水路をつなぐ
それぞれにはリンパ液が満たされ
聴覚細胞でできた
変わった裏地が見える
今度はこれが振動する——そうして
神秘の仕事が仕上げられる
そうしておまえの優しい心が
無数の原因が集まってお前の言う
「鐘」になるものを見るんだよ
賢いルイーズはしばらく黙って
この説について考えた
そうして父が意地悪をしているのだと見きわめる
ルイーズは父の顔を叩き、
「ひどいわ、鐘のことで
そんなちんぷんかんぷんを言うなんて」
https://archive.org/details/humanearitsiden00elligoog
または、
https://archive.org/stream/humanearitsiden00elligoog/humanearits iden00elligoog_
djvu.txt

に楽しいことの方が多い。作者エリスの時代〔19世紀末〕の事実の妥当性に異論を唱えるのは正当だろう。とくにエリスが当時流行の、疑わしくも骨相学のように見える「科学」に依拠していたことなどを。しかし、耳について、それが鐘の音をどう聞くかについて話し、娘が一言で、父の説明について考えた意見を述べるところの魅力を否定することはできない。実際、ちんぷんかんぷんだ。

哲学者とその父

音が空気を轟かせて届く
「あの音は何かな？」と私は尋ねる。
青い眼で金髪の娘が
すぐに答える
「パパはちゃんと知ってるでしょ。
あの音——セントパンクラス教会の鐘よ」
ルイーズちゃん、猫を下ろして
こっちへきてそばに立っておくれ
おまえがそんなことを言うのは悲しいよ
おまえの哲学はどこにある
あの音は——私の言うことをよく聞いて——
あの音はセントパングラス教会の鐘じゃない
音は賢者の選ぶ名で
作用が続く数列の
最後の項のこと
その元がカンとぶつかったこと
こんなふうにさっと解析すると
途中を見せてくれるよ、お嬢ちゃん
一衝きすると鐘の舌が
君の大好きな鐘に当たり
円を楕円にする
(綴りは覚えた方がいいよ)
それから弾性で
元の円に戻る
ただもうちょっとすることがある
縮んで元に戻る分で
円はまた揺れて
鐘はほら、膨らむんだ
それでまた楕円ができる
この形の変化が空気を乱す

ったという。その頃はベルラティエには思い出したくない時期だった。「狂犬と、同じ年のうちに一時的に錯乱した画家の被害者になった無垢な女性は、のちに結婚し、長生きした——ファン・ゴッホとのトラウマを残す出会いは秘密にしたまま」。Bailey, Martin, “Name of mystery woman who received Van Gogh’s ear revealed for first time,” *The Art Newspaper*, July 20, 2016, http://theartnewspaper.com/news/news/name-of-mystery-woman-who-recieved-van-gogh-s-ear-revealed-for-first-time/

5. Minkel, J. R., “Origin Of The Ear. Once, it was more of a nose,” *Discover Magazine*, May 28, 2006.
6. 魚と同じく、多くの昆虫にも耳がない。カマキリにはあり、腹部の、脚の付け根にある。この耳は音が来る方向は識別しないが、捕食者が接近するときに立てる音は探知できるし、飛んでいるときに捕まって食べられるのを避けられるようにする。コウモリも同様の方式、エコロケーションという、音を発して壁などの物体に跳ね返らせる、生物学的なソナー、つまりバイオソナーと呼ばれる現象を用いる。
7. 「ガリア全体は3つの部分に分かれる。ベルガエ族が住み着くところ、アクイタニア人、さらに、自身の言葉ではケルト人、ローマの言葉ではゴール人と呼ばれる種族」。ユリウス・カエサルの『ガリア戦記』の冒頭〔邦訳は各種あり〕。
8. 「トラガス」という言葉は、ギリシア語で牡山羊を意味する*tragos*（トラゴス）に由来する。この場合には、男性の耳に生えることがある、牡山羊の髭に似た毛の塊を表している。第2章「羽毛と毛皮」で見た体毛が生えたところだ。
9. “Earwax: A New Frontier of Human Odor Information,” *Monell Center*, February 12, 2014, http://www.monell.org/news/news_releases/earwax_odors
10. McNamee, David, “Earwax contains ethnicity-specific data, according to a new study,” *MNT*, February 13, 2014, http://www.medicalnewstoday.com/articles/272626.php
11. Beesley, J, Johnatty, S.E., Chen, X., Spurdle, A.B., Peterlongo, P., Barile, M., Pensotti, V., Manoukian, S., Radice, P., “No evidence for an association between the earwax-associated polymorphism in ABCC11 and breast cancer risk in Caucasian women,” *Breast Cancer Research and Treatment*, February 2011, 126 (1): 235-9
12. 12. Hain, Timothy C., “Ear Muscle Anatomy,” *Dizziness-and-Balance*, http://www.dizziness-and-balance.com/anatomy/ear/ema.html
13. 画家や作家は私たちの世界を眼や耳にわかりやすいように翻訳する。結果が恐ろしいものになることがある。たとえばエドヴァルド・ムンクのペルーのミイラの顔を脚色した絵、「叫び」にあるように。しかし次の『人間の耳——その識別と人相学』という本に出てくる耳についての詩にあるよう

さらに以下を参照

ハーバード大学の生物学者、ケネス・ジョン・ローズは、著書の『からだの時間学』(1978)〔青木清監訳、HBJ出版局(1989)〕で、同書のカバーに記される、「われわれの体の諸機能と、成長中の胎児にある究極の時計――心臓――の鼓動から死後の体の分解に至る、時間との複雑な相互作用」を探求した。鼻のかゆみがくしゃみになるのにかかる2秒から15秒といった短い時間もあれば、誕生日や季節に結びつく体の問題など、指数関数的に長いものもある。人間の尻尾と目されるものには照準を合わせなかったが、「奇形児の誕生には季節的傾向が」あるらしいとは書いている。脊髄が露出する脊椎披裂という問題は冬に生じやすい。ローズの1970年代の観察は、37年後、国立衛生研究所(NIH)の研究者によって確認された。ウイルスが関与している可能性を唱えた2015年の研究もある。

第4章　耳の輪

1. "Ancient Egypt The Mythology—Ear," http://www.egyptianmyths.net/ear.htm
2. "Egyptian, Classical, Ancient, Near Eastern Art: Ear," Brooklyn Museum, https://www.brooklynmuseum.org/opencollection/objects/185794/Ear
3. "Van Goghs Ohr: Paul Gauguin und der Pakt des Schweigens"(「ファン・ゴッホの耳――ポール・ゴーギャンと沈黙の約束」), 2009, Gopnik, Adam, Van Gogh's Ear, *The New Yorker*, January 4, 2010, http://www.newyorker.com/magazine/2010/01/04/van-goghs-earに引用されたもの。
4. ファン・ゴッホの劇的なその時以来129年の間、歴史家はファン・ゴッホが切断した耳を渡した相手の女性が誰かで悩んでいた。2016年、バーナデット・マーフィという、ベストセラーの*Zen and the Art of Knitting*〔編み物の奥義と技〕の著者が、『ゴッホの耳』を発表した〔山田美明訳、早川書房(2017)〕。マーフィは受け取ったのがパリの売春宿にいた若い女性と特定したが、その名は明かさないという当の女性の親族との約束を守った。この約束にはかかわっていない『アート・ニューズペーパー』紙は、マーフィの本に出ていた手がかりを追って、ガブリエル・ベルラティエという、農家の娘で、狂犬病の犬に噛まれ、パスツール研究所で新しい狂犬病ワクチンによる治療を受けるためにパリへ行った人物を発見した。費用のかかる移動と治療の代金を払うために、ベルラティエは最初、ファン・ゴッホが通っていたカフェ・ドゥ・ラ・ガールの清掃員として働き、その後、マーフィが書いているところでは、まだ年が足りずに正式の娼婦にはなれなかったので、ファン・ゴッホが耳を切断した売春宿で女中として働き、そこで耳を受け取

wiki/Chordate

24. "Ernst Haeckel (1834-1919)," University of California, Museum of Paleontology, http://www.ucmp.berkeley.edu/history/haeckel.html
25. Miller, Steven, "Webbed Toes," Footvitals.com, http://www.footvitals.com/toes/webbed-toes.html
26. Sahney, Sarda, "Why does my baby have a tail?" *Science* 2.0, http://www.science20.com/fish_feet/why_does_my_baby_have_a_tail
27. Hasso, Sean M., Ferguson, Mark W.J., Fallon, John F., Harris, Matthew P., "The Development of Archosaurian First-Generation Teeth in a Chicken Mutant," *Cell*, http://www.cell.com/current-biology/abstract/S0960-9822(06)00064-9
28. Louchart, Antoine, Viriot, Laurent, "From snout to beak the loss of teeth in birds," Researchgate.net, https://www.researchgate.net/publication/51705217_From_snout_to_beak_the_loss_of_teeth_in_birds_ Trends_Ecol_Evol
29. Adams, J., Shaw, K. (2008) "Atavism: embryology, development and evolution," *Nature Education* 1(1):131, http://www.nature.com/scitable/topicpage/atavism-embryology-development-and-evolution-843
30. Ledley, F. D., "Evolution and the Human Tail: A Case Report," *The New England Journal of Medicine*, 306 no. 20 (1982): 1212–1215
31. Dao, Anh H., Netsky, Martin G., "Human Tails and Pseudotails," *Human Pathology*, 15(5): 449-453 [May 1984
32. Spiegelmann, Roberto, Schinder, Edgardo, Mintz, Mordejai, Blakstein, Alexander, "The human tail: a benign stigma," *Journal of Neurosurgery*, 1985, 63: 461-462
33. Sarmasi, A.H., Showkat, H.I., Mir, S.F., Ahmad, S.R., Bhat, A.R., Kirmani, A.R., "Human born with a tail: A case report," *South African Journal of Child Health*, February 2013, 7 (1), www.ajol.info/index.php/sajchh/article/download/87951/77594
34. Lu, Frank L., Wang, Pen-Jung, Teng, Ru-Jeng, Tsou Yau, KuoInn, "The Human Tail," *Pediatric Neurology*, September 1998, 19 (3), Pages 230–233, http://www.pedneur.com/article/S0887-8994(98)00046-0/pdf
35. Luskin, Casey, "Another Icon of Evolution: The Darwinian Myth of Human Tails," *Casey Luskin/Evolution News & Views*, May 22, 2014, http://www.discovery.org/a/23041
36. Sarmasi, A.H., 前掲論文
37. "Discovery of a Race of Human Beings with Tails (1873) and Mr. Jones's Account of a Race of Human Beings with Tails, Discovered by Him in the Interior of New Guinea (1875)," E.W Cole, http://www.erbzine.com/mag18/tails.htm
38. "Edward Coles," Wikipedia, https://en.wikipedia.org/wiki/Edward_ William_Cole

9. Langley, Liz, "Weird Animal Question of the Week: How Do Dogs Talk With Their Tails?" *National Geographic*,
http://news.nationalgeographic.com/news/2014/11/141107-dogs-animals-pets-communication-tails-science/
10. Siniscalchi, M., et al., "Seeing Left- or Right-Asymmetric Tail Wagging Produces Different Emotional Responses in Dogs," *Current Biology*, October 31, 2013, at https://www.sciencenews.org/blog/scicurious/wag-dog-when-left-vs-right-matters
11. "Five-legged kangaroo? Telling the tale of a kangaroo's tail". *Science Daily*, July 1, 2014, www.sciencedaily.com/releases/2014/07/140701193308.htm
12. Ehrlich, Paul R., Dobkin, David S., Wheye, Daryl, "Sexual Selection,"
https://web.stanford.edu/group/stanfordbirds/text/essays/Sexual_Selection.html
13. "Tale of the Peacock," *Evolution Library*,
http://www.pbs.org/wgbh/evolution/library/01/6/l_016_09.html
14. "Survival of the Fittest," *Wikipedia*,
https://en.wikipedia.org/wiki/Survival_of_the_fittest
15. Griffin, Julia, "Why are peacock tail feathers so enchanting?" *PBS Newshour*, April 29, 2016,
http://www.pbs.org/newshour/rundown/why-are-peacock-tail-feathers-so-enchanting/
16. "How Bear Lost His Tail," *Native American Lore Index*,
http://www.ilhawaii.net/~stony/lore22.html
17. "Animals With No Tail," *Hub Pages*, http://hubpages.com/animals/Animals-Without-Tails. 2015年10月15日更新
18. Broughton, Amy L., "Cropping and Docking: A Discussion of the Controversy and the Role of Law in Preventing Unnecessary Cosmetic Surgery on Dogs, Animal Legal & Historical Center," Michigan State University College of Law,
https://www.animallaw.info/article/cropping-and-docking-discussion-controversy-and-role-law-preventing-unnecessary-cosmetic
19. この各種の関係を図解した表が、第2章「羽毛と毛皮」にある。
20. "Protist," *Your Dictionary*,
http://www.yourdictionary.com/protist#S4Tt18DYrKK3cWh1.99
21. "Ernst Haeckel (1834-1919)," University of California, Museum of Paleontology,
http://www.ucmp.berkeley.edu/history/haeckel.html
22. "George Romanes," *Wikipedia*, https://en.wikipedia.org/wiki/George_Romanes
23. 「脊索動物の現存する6万5000種以上のうち、半分ほどが硬骨魚類（オステイクチス）*Osteichthyes*に属する、硬い骨［軟骨ではなく骨組織で構成される］の魚類である。世界最大の動物と最速の動物、シロナガスクジラとハヤブサは、人類と同じく脊索動物である」。"Chordate," *Wikipedia*, https://en.wikipedia.org/

めて出版されてからの年月で、スミスの見解は時代遅れになっているが、毛深い手の甲や、後ではある男の毛深い耳について言わなければならなかったことはどうか。まだ通用する。それに読むに値する。

第3章　尾の骨のお話

1. クァッカワラビーは小型の有袋類で、飼い猫ほどの大きさ。主としてオーストラリア西部のパース近くにあるロットネスト島にいる。“Meet the happiest animal on Earth,” August 12, 2016, http://www.aol.com/article/2016/08/12/meet-the-happiest-animal-on-earth/21448307/?cps=gravity_4816_ -1011441191459780550
2. 猿や類人猿は手と足も使ってものを握る。人間の赤ちゃんにも短期間現れる形質だ。「手掌把握反射は人間の乳児に特徴的な行動で、妊娠16週で発達し、その頃には胎児は母親の胎内で臍帯を握り始める。初期の研究では、人間の新生児が把握反射によって、水平の棒から手でぶらさがって、少なくとも10秒間、自身の体重を支えることができたとされる。それと比較すると、猿の新生児にも同様の不随意把握行動があり、片手で30分以上ぶら下がることができた。この反射は猿の新生児には必須で、それによって母親の体の毛皮にしがみつくことができる。しかし人間は、樹上生活から出る進化をして、身体中の毛皮を失った。おそらくもはや強力な把握を必要としないからだろう。人間の新生児はこの反射をふつう、生後3か月ほどで失い始める。生まれて間もなく、この力は弱まったりなくなったりするのだが、この把握反射は人間でも重要な機能を維持しているかもしれないと考える研究者もいる」。Rogers, Kara, “7 Vestigial Features of the Human Body,” *Encyclopedia Britannica*,
http://www.britannica.com/list/7-vestigial-features-of-the-human-body
3. “Animal Farm Quotes by George Orwell,” Goodreads.com,
https://www.goodreads.com/work/quotes/2207778-animal-farm-a-fairy-〔『動物農園』の邦訳は、山形浩生訳、ハヤカワepi文庫（2017）など、多数〕
4. Desert USA, http://www.desertusa.com/reptiles/rattlesnake-bites-spring.html
5. “10 Strangest Animals in the Rainforest,” Conservation Institute, June 15, 2015,, http://www.conservationinstitute.org/10-strangest-animals-in-the-rainforest/
6. “15 Unusual Prehistoric Creatures,” *ListVerse*, http://listverse.com/2009/10/05/15-unusual-prehistoric-creatures/
7. “Microraptor,” McGill School Of Computer Science,
https://www.cs.mcgill.ca/~rwest/wikispeedia/wpcd/wp/m/Microraptor.htm
8. “Bestiary, Fabulous Beast, Men, Spirits,” Theoi Project,
http://www.theoi.com/greek-mythology/bestiary.html

47. Desruelles, Francois, et al., "Pubic hair removal: A risk factor for 'minor' STI such as *molluscum contagiosum*?" Sexually Transmitted Infections, 2013; 89:3 216
48. How Do I Love Thee? (Sonnet 43), Elizabeth Barrett Browning (1806-1861)
あなたをどう愛せばいいのか、いくつか数え上げてみましょう。
存在や理想の優しさの果てが
見えないと思うとき、私の魂が届く
深さ、広さ、高さのかぎり愛します。
日々最もささやかに必要とする、
日光や蠟燭(ろうそく)のレベルで愛します
勝手に愛します。男の人が正義のために戦う間に
純粋に愛します。男の人がほめてくれるのをやめても。
昔悲しかったときに用いた情熱と、
子どものころの信仰で愛します
私の失った聖者たちとともに失ったらしい
愛とともに愛します。私が生きているすべて息で、
笑みで、涙で愛します。そして神様がお選びなら、
死んだあとはもっと愛します
49. McDonough, Katie, "*The New York Times:* Is waxing your pubic hair déclassé?" Salon.com, January 30, 2014,
http://www.salon.com/2014/01/30/new_york_times_is_waxing_your_pubic_hair_declasse/
および、Meltzer, Marisa, "Below the Bikini Line, a Growing Trend Brazilian Bikini Wax? In a New Trend in Hair Removal, Women Prefer the Natural Look," the *New York Times*, January 29, 2014, http://www.nytimes.com/2014/01/30/fashion/Brazilian-bikini-wax-women-hair-removal.html

さらに以下を参照

私たちの毛がどこにあってどんなふうに見えるかは、際立った特徴であり、ときには「どんなふうに」より「どこに」の方が重要で、オックスフォードの動物学者アンソニー・スミスによる『ザ・ボディ』(1968) の一挿話にも明らかだ。「ブロンド、青い眼の、背の高い、きれいな髪のコミュニティでは、こうした特定の形質［眼の色と髪の色］は父子関係の鑑定には価値がなく、頻度の低いものの方が重要である」と書かれている。「ノルウェーで、ある正常な母親が点状軟骨異形成症の（指が短い）子を産んだ。まれな症状で、法廷が被告に手を挙げるよう求めると、その指が短く、そのために養育費を払わなければならなかった。指の一本の中央に毛があることで捕まった人もいる。この形質はそれがないと伝えられない。『ザ・ボディ』が初

fetishism

38. "La Maja Vestida," *Wikipedia*, https://en.wikipedia.org/wiki/La_maja_vestida.
39. 「『裸のマハ』の記録されている中で最初の所有者は、当時のスペイン首相、マヌエル・デ・ゴドイで、この絵のモデルはその愛人ではないかという憶測を呼んだ。ゴヤは1815年、スペインの裁判所に召喚された。裁判所は絵が不道徳と見て、ゴヤにこの裸婦像を描くよう依頼したのは誰かを明らかにしようとした。その尋問の結果は知られていない」。"La Maja Desnuda," *TotallyHistory*, http://totallyhistory.com/la-maja-desnuda/
40. 人々がクールベのこの作品は気まずいと思う場は、フェイスブックだけではない。同美術館のウェブサイトにあるカタログページは次の見解で終わっている。"L'Origine du monde, désormais présenté sans aucun cache, retrouve sa juste place dans l'histoire de la peinture moderne. Mais il ne cesse pourtant de poser d'une façon troublante la question du regard". 訳すとおおよそこうなる。「『世界の起源』は、現在、いかなるぼかしもなく展示されていますが、近代美術史の中にその正当な場所を見つけています。しかし目のやり場という問題も、相変わらず厄介な形で突きつけています」。"Musée D'Orsay: Gustave Courbet L'Origine du Monde," Musée D'Orsay M/O, http://www.musee-orsay.fr/index.php?id=851&L=0&tx_commentaire_pi1%5BshowUid%5D=125
41. "Effie Gray," *Wikipedia*, https://en.wikipedia.org/wiki/Effie_Gray
42. Prokop, Pavol, "Male preference for female pubic hair: an evolutionary view," *Anthropologischer Anzeiger*. 2016 Mar 18, http://www.ncbi.nlm.nih.gov/pubmed/27000945/
43. Pennman, Danny, "Zoologist claims sexual preference led the naked ape to lose its hair," *Independent*, November 9, 1995, http://www.independent.co.uk/news/zoologist-claims-sexual-preference-led-the-naked-ape-to-lose-its-hair-1581177.html
44. 2015年10月、『プレイボーイ』誌は、2016年3月号から、裸の女性の写真は載せないと発表し、ある『タイム』誌の編集者にこんなことを言わせた。「『プレイボーイ』のバニーの消滅はポルノが後退しているしるしというよりも、津波がくる前の引き波のような、私たちが氾濫のただ中にあることの証拠だ」。Belinda Luscombe, "Playboy Won't Feature Nude Women. This Is Not a Victory for Feminism," *Time*, http://time.com/4071710/playboy-nude-women-feminism/
45. "Pubic Wars," *Wikipedia*, https://en.wikipedia.org/wiki/Pubic_Wars
46. Fetters, Ashley, "The New Full-Frontal: Has Pubic Hair in America Gone Extinct?" *The Atlantic*, December 13, 2011, http://www.theatlantic.com/health/archive/2011/12/the-new-full-frontal-has-pubic-hair-in-america-gone-extinct/249798/

23. Bater, Kristin L., Ishii, Masaru, Joseph, Andrew, Nellis, Jason, Ishii, Lisa L., "Perceptions of Hair Transplant for Androgenetic Alopecia," *JAMA Facial Plast Surgery*, August 25, 2016, http://archfaci.jamanetwork.com/article.aspx?articleid=2544827
24. "Scientia Professor Robert Brooks," *USNW Australia*, https://research.unsw.edu.au/people/scientia-professor-robert-brooks
25. Morgan, James, "Beard trend is 'guided by evolution,' " *BBCNews*, April 16, 2014, http://www.bbc.com/news/science-environment-27023992
26. Robb, Alice, "Want to Look Older and More Aggressive? Grow a Beard. But don't think it'll help you with the ladies," *The New Republic*, February 5, 2014, https://newrepublic.com/article/116472/psychologists-bearded-men-look-older-more-aggressive-higher-status
27. Morgan, 前掲記事。
28. "75 fun facts and myths about shaving," *Ultimate Personal Shaver*, http://www.ultimatepersonalshaver.com/tips-and-how-to-26-75-fun-facts-and-myths-about-shaving
29. Krupnick, Ellie, "Average Time Spent Shaving Legs In A Lifetime? 72 Days, New Survey Says," *HuffingtonPost*, http://www.huffingtonpost.com/2013/04/11/average-time-spent-shaving-legs_n_3063127.html
30. *The Expression of Emotion in Man and Animals*, p. 128, Darwin on line, http://darwin-online.org.uk/content/frameset?itemID=F1142&viewtype=text&pageseq=1〔『人及び動物の表情について』濱中濱太郎訳、岩波文庫(1931/1991)〕
31. "Goose bumps," *Wikipedia*, https://en.wikipedia.org/wiki/Goose_ bumps
32. Sabah, N.H., "Controlled Stimulation of Hair Follicle Receptors," *Journal of Applied Physiology*, February 1,1974, 36 (2): 256–257 "Body Hair," *Wikipedia*, https://en.wikipedia.org/wiki/Body_hairに引用されたもの。
33. Pappas, Stephanie, "Why Women Don't Fall for Hairy Guys Remainsa Scientific Mystery," LiveScience.com, http://www.livescience.com/23810-women-male-body-hair.html
34. Rinzler, 前掲書。
35. Coghlan, Andy, "Why humans alone have pubic hair," *New Scientist*, February 2009, https://www.newscientist.com/blogs/shortsharpscience/2009/02/why-humans-alone-have-pubic-ha.html〔翻訳時点では開けない〕
36. Bering, Jesse, "Pretty in Pink. What does the color of our genitals have to do with evolution?" Slate.com, http://www.slate.com/articles/health_and_science/science/2012/04/red_genitalia_study_testing_the_sexually_salient_hypothesis.html
37. "Pubic hair fetishism," *Wikipedia*, https://en.wikipedia.org/wiki/Pubic_hair_

The Journal of Science and Business Research, Winter 2007, 2 (4), http://www.sbrjournal.net/currentissue/articles/Hair/Hairgrowth.htm〔翻訳時点では開けない〕
10. Kshirsagar, S.V., Singh, B., Fulari, S.P., "Comparative study of human and animal hair in relation to diameter and medullary index", *Indian Journal Forensic Medicine and Pathology*, July-September 2009, 2(3), http://brims-bidar.in/publications_brims/Dr.%20Kshirsagar's%20Publication.pdf
11. "Fur vs Hair," Diffen.com, http://www.diffen.com/difference/Fur_vs_Hair
12. Rinzler, Carol Ann, *Leonardo's Foot*, New York: Bellevue Literary Press, 2013.
13. Wheeler, P. E., "The influence of the loss of functional body hair on the water budgets of early hominids," *Journal of Human Evolution*, Volume 23, Issue 5, November 1992, Pages 379-388
14. "What is the latest theory of why humans lost their body hair? Why are we the only hairless primate?," *Scientific American*, June 4, 2007, http://www.scientificamerican.com/article/latest-theory-human-body-hair/
15. Rantala, M. J., "Evolution of nakedness in *Homo Sapiens*", *Journal of Zoology*, 273, (2007), 1-7, http://onlinelibrary.wiley.com/doi/10.1111/j.1469-7998.2007.00295.x/abstract
16. Wheeler, P.E., "The evolution of bipedality and loss of functional body hair in hominids," *Journal of Human Evolution*, 13 (1), January 1984, Pages 91-98, http://www.sciencedirect.com/science/article/pii/S0047248484800792
17. Kushlan, James A., "The vestiary hypothesis of human hair reduction," *Journal of Human Evolution*, 14 (1), January 1985, Science Direct, http://www.sciencedirect.com/science/article/pii/S0047248485800920
18. Rantala, 前掲論文。
19. "What is the latest theory of why humans lost their body hair? Why are we the only hairless primate?" Scientific American.com, June 4, 2007 , http://www.scientificamerican.com/article/latest-theory-human-body-hair/
20. Gates, R. Ruggles, "Y chromosome inheritance of hairy ears," *Science*, July 15, 1960: Vol. 132, Issue 3420, pp. 145, http://science.sciencemag.org/content/132/3420/145.1.abstract
21. Lee, Andrew C., Kamalam, Angamuthu, Adams, Susan M., Jobling, Mark A., "Molecular evidence for absence of Y-linkage of the Hairy Ears trait," *European Journal of Human Genetics* (2004) 12, 1077–1079, http://www.nature.com/ejhg/journal/v12/n12/full/5201271a.html
22. "How do hairs like those on the chest or in the nose know to grow when you trim them?" ScientificAmerican.com, http://www.scientificamerican.com/article/how-do-hairs-like-those-o/

の可能性と比べれば小さい」。トマス・シデナムが腫れた虫垂を鎮めると約束した殺したばかりの子犬はもう用いられていなかった。

第2章　羽毛と毛皮

1. *hominid*（ホミニド）〔ヒト上科〕、*hominine*（ホミナイン）〔ヒト科〕、*hominin*（ホミニン）〔ヒト族〕は、どれをどう使っても同じに見えるかもしれないが、そうではない。第一の「ヒト上科」は、「現存種、絶滅種すべての大型類人猿からなる分類（つまり、現代人類、チンパンジー、ゴリラ、オランウータンに、そこに至るまでの中間にいた先祖すべて）であり、〔第二の「ヒト科には、人類に向かう枝とゴリラに向かう枝が含まれ〕、「ヒト族」は「現代人類と絶滅した人類の種と、そこに至る途中のすべての先祖（アウストラロピテクス、パラントロプス、アルディピテクスといった*Homo*（ホモ）〔ヒト属〕の中の絶滅した種）からなる」。“Hominid and hominim—What's the difference?” Australian Museum, http://australianmuseum.net.au/hominid-and-hominin-whats-the-difference
2. “Mary-Claire King,” *Wikipedia*, https://en.wikipedia.org/wiki/Mary-Claire_King
3. Lovgren, Stefan, “Chimps, Humans 96 Percent the Same, Gene Study Finds,” *National Geographic News*, August 31, 2005, http://news.nationalgeographic.com/news/2005/08/0831_050831_chimp_genes.html
4. 人間と体の枢要な形質が共通となっている動物はチンパンジーだけではない。分子相同性（分子レベルでの類似）は動物界全体にある。たとえば、人間のヘモグロビン、つまり血液の赤い色の色素には数百個のアミノ酸がある。アカゲザルのヘモグロビンのうち、人間のヘモグロビンと異なるアミノ酸は25個もない。マウスで25個をわずかに超える。人が焼いて食べる鶏のヘモグロビンで人間のヘモグロビンと異なるアミノ酸は50個もない。“Evidence of Evolution: Homology,” http://www.bio.miami.edu/dana/160/160S13_5.html
5. Randall, V. A. (1994), “Androgens and human hair growth,” *Clinical Endocrinology*, 40: 439–457. https://en.wikipedia.org/wiki/Body_hair に引かれている。
6. Sahney, Sarda, “Why does my baby have a tail?” *Science* 2.0, http://www.science20.com/fish_feet/why_does_my_baby_have_a_tail
7. “The World's Longest Beard Is One Of The Smithsonian's Strangest Artifacts,” Smithsonian.com, http://www.smithsonianmag.com/smithsonian-institution/smithsonian-home-worlds-longest-beard-180953370/#v7TKWl4IwgbjjHpG.99
8. Randall, V. A., Ebling, F. J., “Seasonal changes in human hair growth,” *British Journal of Dermatology*, Februa0ry 1991, 124(2):146-51
9. Sindafin, P.B., “Seasonal Growth Rate Variation of Scalp Hair in One Individual,”

40. Lanza, 前掲論文。
41. "Appendix Isn't Useless At All: It's A Safe House For Good Bacteria," ScienceDaily.com, https://www.sciencedaily.com/releases/2007/10/071008102334.htm
42. Bollinger, R., Barbas, A., Bush, E., Lin, S., & Parker, W. (2007). "Biofilms in the large bowel suggest an apparent function of the human vermiform appendix," *Journal of Theoretical Biology*, 249 (4), 826-831 DOI: 10.1016/j.jtbi.2007.08.032
43. Im, Gene Y., Modayil, Rani J., Lin, Cheng T., Geier, StevenJ., Katz, Douglas S., Feuerman, Martin, Grendel, James H., "The Appendix May Protect Against Clostridium difficile Recurrence," *Clinical Gastroenterology and Hepatology*, December 2011, 9 (12), 1072– 1077, http://www.cghjournal.org/article/S1542-3565(11)00580-5/abstract
44. Alder, Adam C., Fomby, Thomas B., Woodward, Wayne A., Haley, Robert W., Sarosi, George, Livingston, Edward H., "Association of Viral Infection and Appendicitis," *JAMA Surgery*, January 1, 2010;145(1):63-71. http://archsurg.jamanetwork.com/article.aspx?articleid=213340
45. Loren G. Martin, "What is the function of the human appendix? Did it once have a purpose that has since been lost?" *Scientific American*, October 21, 1999
46. 前掲の、Claes S., Vereecke E., Maes M., Victor J., Verdonk P., Bellemans J.
47. "Appendix not totally useless," The Scientist, February 15, 2013, http://www.the-scientist.com/?articles.view/articleNo/34416/title/Appendix-Not-Totally-Useless/
48. "Appendix shrieks 'Creation' (at least 18 times!)," *Creation Ministries*, April 2, 2013 http://creation.com/appendix-shrieks-creation

さらに以下を参照

近代以前には、不快でしばしばおぞましい治療で処置された病気は虫垂炎だけではない。ハワード・W・ハガードの*Devils, Drugs and Doctors, The Story of the Science of Healing from Medicine-Man to Doctor*（1929）〔悪魔、薬、医者——呪医から医師に至る治療の科学の物語〕は、結核を追い出すための絶食から、脳の病気のためのナツメグ（脳のような形をしている）、梅毒用のサッサフラス、便秘用の水銀下剤、サルオガセ（「鎖で絞首された犯罪者の頭蓋骨から掻き取ったコケ」）、それ以外のほとんどどこででも用いられた瀉血（しゃけつ）などの気持ち悪くなるような治療の世界を列記している。幸い、当時イェール大学応用生理学研究所の所長だったこのハガード博士は、20世紀の初めには事態は変化していたとしめくくっている。「医学は今日、世界に史上最も健康な時代をもたらしているが、まだ成熟はしていない。科学的な医学で得られている成果は、病気を予防し、苦痛を軽くし、寿命の伸ばす未来

27. Addiss, D.G., Shaffer, N., Fowler, B.S., Tauxe, R.V., “The epidemiology of appendicitis and appendectomy in the United States,” *American Journal of Epidemiology*, November 1990, 132(5):910-25
28. Minneci, Peter C.; Mahida, Justin B.; Lodwick, Daniel L.; Sulkowski, Jason P.; Nacion, Kristine M.; Cooper, Jennifer N.; Ambeba, Erica J.; Moss, R. Lawrence; Deans, Katherine J., “Effectiveness of Patient Choice in Nonoperative vs Surgical Management of Pediatric Uncomplicated Acute Appendicitis,” *JAMA Surgery*, Published online December 16, 2015,
http://archsurg.jamanetwork.com/article.aspx?articleid=2475977
29. “The Life of Churchill, Rising Politician 1920-1932,” The Churchill Centre, http://www.winstonchurchill.org/the-life-of-churchill/rising-politician/1920-1932/autumn-1922-age-48
30. Herbert, Valerie, “The surgeon who saved Churchill,” *Sudbury Suffolk Heritage*, http://virtualmuseum.sudburysuffolk.co.uk/recent-research/the-surgeon-who-saved-churchill/
31. McCarty, 前掲論文。
32. Black, J. “Acute appendicitis in Japanese soldiers in Burma: support for the ‘fibre’ theory,” *Gut*, 2002;51:297, http://gut.bmj.com/content/51/2/297.1.full
33. Burkitt, Denis, *Don’t Forget Fibre in Your Diet* (New York: Harper-Collins Publishers Ltd, 1979)
34. Trowell, H.C, Burkitt, D.P., *Western Diseases: Their Emergence and Prevention*, (Boston: Harvard University Press, 1981)
35. “Denis Parkins Burkitt,” *Wikipedia*,
https://en.wikipedia.org/wiki/Denis_Parsons_Burkitt
36. Morris, Julie; Barker, D.J.P.; Nelson, M., “Diet, Infection and Acute Appendicitis in Britain and Ireland,” *Journal of Epidemiology and Community Health*, 1987, 41, 44-49, http://www.ncbi.nlm.nih.gov/pmc/articles/PMC1052575/pdf/jepicomh00230-0047.pdf
37. Stolberg, Sheryl Gay, “Fiber Does Not Help Prevent Colon Cancer, Study Finds,” *The New York Times*, January 21, 1999, http://www.nytimes.com/1999/01/21/us/fiber-does-not-help-prevent-colon-cancer-study-finds.html
38. “The Polyp Prevention Trial and the Wheat Bran Fiber Study: Questions and Answers,” National Cancer Institute, http://www.cancer.gov/types/colorectal/research/polyp-fiber-prevention-qa〔翻訳時点では開けない〕
39. Lanza, Elaine, et al., “The Polyp Prevention Trial–Continued Follow-up Study: No Effect of a Low-Fat, High-Fiber, High-Fruit, and -Vegetable Diet on Adenoma Recurrence Eight Years after Randomization,” *Cancer Epidemiology, Biomarkers & Prevention*, http://cebp.aacrjournals.org/content/16/9/1745.full

workfiles/williams_history-of-appendicitis-with-anecdotes-illustrating-its-importance.pdf, Streck 前掲論文、McCarty, 前掲論文。

18. Ramachandran, Manoj; Aronson, Jeffrey K., "Frederick Treve's first surgical operation for appendicitis," *Journal of the Royal Society of Medicine*, May 2011, 104 (5), 191-197, http://jrs.sagepub.com/content/104/5/191
19. Willliams, 前掲論文。
20. Prystowsky, Jay B.; Pugh, Carla M.; Nagle, Alex P., "Appendicitis," *Current Problems in Surgery*, October 2005, 42 (10), 694–742, http://www.currprobsurg.com/article/S0011-3840(05)00107-3/abstract
21. Williams 前掲論文。
22. 「虫垂の切除は単純で容易な手術だと言ってはならない。手術はきわめて痛いことがあり、手術を提案する場合には、外科医はあらゆる困難とあらゆる突発的事態に備えておくべきである。手術のリスクを秤量し、それを病気が引き起こすリスクと比較するのは外科医であり、また患者である」。Charles Talamon, *Appendicite et Pérityphlite*, (Paris: Rueff et Cie., 1892), page 239, https://gallica.bnf.fr/ark:/12148/bpt6k9637600b.texteImage
23. タラモンの著書は、マサチューセッツ州ニューベリーポートの保健委員会委員長のE・P・ハードによって英訳され、翌年アメリカで出版された。ハードが記すところによれば、虫垂炎という用語が導入されて十年も経っていなかった。Hurd, E.P., M.D., "Consumption in New England," *Boston Medical Surgery Journal*, May 23, 1883, http://www.nejm.org/doi/pdf/10.1056/NEJM188305241082101 & Talamon, Charles, *Appendix and Perityphilitis*, https://babel.hathitrust.org/cgi/pt?id=chi.086262884;view=1up;seq=1
24. 1902年の段階では、トレーヴズは2,000例以上の虫垂切除を行なっていたが、他の多くの「一番乗り」と同様、本人の待機的手術を創始したという主張には異論があり、この場合の異論は、イギリスの外科医チャーター・シモンズが3年早い1885年に行なっていたとする人々による。McCarty, 前掲論文, および Glover, Warwick, "The Human Vermiform Appendix," *Answers in Genesis*, April 1, 1988, https://answersingenesis.org/human-body/vestigial-organs/the-human-vermiform-appendix/
25. *Merck's Manual*, Fifth Edition (New York: Merck & Co., 1923); The Merck Manual, Seventh Edition (Rahway, N.J.: 1940); *The Merck Manual*, Eighth Edition (Rahway, N.J.: 1950).
26. Kavic, Michael S.; Kavic, Stephen M.; Kavic, Suzanne M., "Laparoscopic appendectomy," *Society of Laparoscopic Surgeons*, http://laparoscopy.blogs.com/prevention_management_3/2010/08/laparoscopic-appendectomy.html

金属器の導入で終わった新石器時代は、最初のファラオ、メネスの治世以前の時代である先王朝時代のエジプトに重なる。メネスは、それが実在の人物であろうと伝説上であろうと、少なくとも二人、たぶんもっと多数の支配者を合体させた存在であり、この人物、あるいはその仮面をかぶせられた人々が、統一エジプトを生み出したとされる。Dunn, Jimmy, "Egypt: Who was Menes?" Tour Egypt.com,
http://www.touregypt.net/featurestories/menes1.htm#ixzz48Ad1LCmE

4. Fletcher, Joanne, "Mummies Around the World," BBCHistory, http://www.bbc.co.uk/history/ancient/egyptians/mummies_01.shtml
5. Karoff, Paul, "The case of the rotting mummies," Harvard Gazette, March 9, 2015, http://news.harvard.edu/gazette/story/2015/03/racing-to-save-the-worlds-oldest-mummies/
6. Gannal, J.-N, History of Embalming, http://www.gutenberg.org/files/48078/48078-h/48078-h.htm
7. "History of Burial Beliefs in Ancient Egypt," http://historylink101.com/n/egypt_1/religion_mummification_history.htm
8. エジプト人は虫垂に気づいていただけでなく、少なくとも一つの「ビザンツ時代のエジプト流ミイラは胴体の右下部分に癒合の跡があり、往代の虫垂炎をうかがわせる」。Streck, Christian J., Maxwell, Pinckney J. IV, A "Brief History of Appendicitis: Familiar Names and Interesting patients", *The American Surgeon*, February 2014, 80 (2), 105-108, https://cbc.org.br/wp-content/uploads/2014/02/02012014-AS.pdf
9. Gannal, 前掲記事。
10. Haggard, Howard W., *Devils, Drugs and Doctors*, (New York: Harper & Row, 1929)〔ハッガード『古代醫術と分娩考』巴陵宣祐訳著、エンタプライズ(1982)〕
11. "Mummia," Wiktionary, http://en.wiktionary.org/wiki/mummia#Latin
12. *Guinness World Records,* http://www.guinnessworldrecords.com/world-records/largest-appendix-removed
13. "A contribution to the pathology of the vermiform appendix,"の全文は、Archive.org, https://collections.nlm.nih.gov/catalog/nlm:nlmuid-65711100R-bk
14. "Appendicitis may be related to viral infections," *Science Daily*, January 19, 2010, https://www.sciencedaily.com/releases/2010/01/100118161946.htm
15. Streck, Christian J., 前掲論文。
16. McCarty, Arthur C., M.D., "History of Appendicitis Vermiformis Its diseases and treatment, Presented to the Innominate Society, 1927," InnominateSociety.com, http://www.innominatesociety.com/Articles/History%20of%20Appendicitis.htm
17. Williams, G. Rainey, "Presidential Address: A History of Appendicitis," *Annals of Surgery*, May 1983, 197 (5), http://www.oumedicine.com/docs/ad-surgery-

註

「さらに以下を参照」の項には、それぞれ、古くて今は通用しない場合もあるが、それでも当該のテーマについて、やはり興味深い見方を示している本を挙げた。どれもまだ刊行中で、Amazon.comなどの書店で入手可能。

まえがき

1. 最初は1902年、ダーウィンの娘、ヘンリエッタ・リッチフィールドによって、*Emma Darwin, Wife of Charles Darwin: A Century of Family Letters* 1796-1896〔チャールズ・ダーウィンの妻、エマ・ダーウィン——1世紀分の一家の手紙、1796〜1896〕と題され、私家版として出版された。
2. "The Great Debate," Oxford University Museum of Natural History, http://www.oum.ox.ac.uk/learning/htmls/debate.htm
3. Marty, Christopher, "Darwin on a Godless Creation: 'It's like confessing to a murder,'" *Scientific American*, February 12, 2009 http://www.scientificamerican.com/article/charles-darwin-confessions/
4. Claes S, Vereecke E, Maes M, Victor J, Verdonk P, Bellemans J, "Anatomy of the anterolateral ligament of the knee," *Journal of Anatomy*, October 2013, 223(4): 321-8. doi: 10.1111/joa.12087. Epub 2013 Aug 1. http://www.ncbi.nlm.nih.gov/pubmed/23906341
5. "Vestigiality," *Psychology Wiki*, http://psychology.wikia.com/wiki/Vestigiality

第1章　みいつけた

1. "Ruptured appendix," *TV Tropes*, http://tvtropes.org/pmwiki/pmwiki.php/Main/RupturedAppendix
2. アムンセン=スコット南極点基地で唯一の医師として1年の勤務をしていたアメリカ人医師、ジェリー・リン・ニールセンは、1998年の冬、悪天候で孤立していたとき、乳がんになった。ニールセンは、アメリカにいる専門家から電話で指示を受けて、自身の生体検査を行ない、軍用機が投下した医薬品によって自身に対する化学療法を施した。最初の春の兆しのとき、ニールセンは飛行機で運ばれ、後に *Ice Bound: A Doctor's Incredible Battle For Survival at the South Pole*〔『南極より愛をこめて』、土屋京子訳、講談社（2002）〕を書いた。アマゾンで各版やオーディオブックが入手できる。 http://www.amazon.com/Ice-Bound-Doctors-Incredible-Survival/dp/0786886994/ref=asap_bc?ie=UTF8
3. 紀元前6000年頃、農業が導入され、家畜や作物の飼育や栽培とともに始まり、

図版

第１章

- 人間の腸、虫垂付き（1a）［パブリックドメイン、Wikipedia projectのIndolences提供］
- 知られている中で最古の虫垂の図、Leonardo da Vinci (1492) (1b)［パブリックドメイン］

第２章

- 人間の体毛［Wikimedia Commons, GNU Free Documentation Licenseの下で使用］

第３章

- ギリシア・ローマ神話のポセイドン／ネプチューンの息子、海神トリトン（3a）［パブリックドメイン、Wikipedia］
- 胎児どうしの類似性の図、エルンスト・ヘッケルのAnthropogenie (1874)より（3b）（Wikimedia）

第４章

- 三つの部分からなる耳、Gray's Anatomy（4a）［パブリックドメイン、Wikimedia Commons］
- 耳の外側、Gray's Anatomy（4b）［パブリックドメイン、Wikimedia Commons］

第５章

- ヒトの半月ひだ、Henry Gray, Anatomy of the Human Body［パブリックドメイン、Wikimedia Commons］

第６章

- ヒトの犬歯（6a）、Gray's Anatomy［パブリックドメイン、Wikimedia Commons］
- ヒトの犬歯（6b）、Gray's Anatomy［パブリックドメイン、Wikimedia Commons］

訳者あとがき

本書はCarol Ann Rinzler, *Spare Parts: In Praise of Your Appendix and Other Unappreciated Organs*（Skyhorse Publishing, 2017）を翻訳したものです（文中、〔　〕でくくった部分は訳者による補足です。また、本書で参照されている資料に邦訳があれば、適宜それを記しましたが、本書での訳文は、とくに断りのないかぎり、本書訳者による私訳です）。著者のリンツラーは、ニューヨーク在住のライターで、長年にわたり、主として健康や食品に関するハウツーものや参考書を書いて来た人物です。そんなリンツラーが七〇代半ばに達してから、解剖学史・栄養学史や背景の文化史を渉猟して体の造りや食物／薬品など、体の日常にまつわる様々な由来を集めてまとめた、*Leonardo's Foot. How 10 Toes, 52 Bones, and 66 Muscles Shaped the Human World* という本を出しました（二〇一三年、未邦訳）。健康や食品／薬品のテーマを取り上げるうえで必要な医学や生理学を調べる中で生まれた、背景にある歴史への関心の方を中心に据えたということでしょう。本書もその流れにある本と言えます。

本書のテーマは、チャールズ・ダーウィンが「痕跡的」と呼んだ、人間にあっては必要がなく、退化しているとも見なされがちな組織、器官です。しかし最初に挙げられる例、「虫垂」が、近年は免疫に相応の役割を演じている可能性も言われていることに見られるように、そうした器官や組織は決してなくても困らない、ただの過去の遺物のような痕跡とは言えないかもしれません。ダーウィンが取り上げてから一五〇年近く経って、その後の医学や生物学の進展（ダーウィンは知らなかったこと）もふまえると、こうした器官や組織――虫垂、体毛、尾骨、耳介筋、瞬膜、親知らず――の評価はどうなるか、あらためて検討してみようというわけです。そのうえで、他の臓器についても再評価を試み、さらには今の姿になった現代人類が今後どうなるか（進化するか）という問いにも向かいます。

科学の知識は必ず正しい答えだという誤解があります。さらには、あの有名な進化論の創始者ダーウィンであれば、間違ったことを言う（言った）はずがないというような神話が生まれることもあります（もちろんダーウィンだけに起きることではありません）。けれども、科学というのも、その時代の情報や技術や経済（さらには流行さえ）といった環境の中にあると考えれば、過去の業績を受け継ぎながら、そうした環境の変化とともに姿を変える部分もある、その意味でまさしく「進化」（変化を伴う継承）していると見ることもできます。また、ダーウィンは進化論を考えたと言っても、ダーウィン自身は知らなかったことも多々ありました。つまり、ダーウィンがもたらした進化論じたいがその後の進展の中で、ダーウィン流の進化をしているのです（そのことからして、ダーウィン自身がすべてわかっていたわけではなくても、ダーウィンの考え方は大いに的を射ていたと言えるでしょう）。

科学もダーウィンも、その時点でわかっている範囲の中でしかるべき仮説を立て、検証し、こう言えるのではないかという理解のしかたを提示した。その後、新たにわかったことが出てきたために、その理解のしかたが確認される場合もあれば、改めなければならなくなることもある。そのようにして進んでいくのが科学だとすれば、著者のようにちょっと振り返って再検証してみるというのは、かつて学校で習ったことと、今教えられていることが違っていると知って驚くことの多い、科学者でない一般の人々にとっても大事なことだとも言えます。

取り上げられた話がそれぞれに興味深いのはもちろんのことですが、訳者がそれ以上におもしろいと思ったのは、そういう科学の進展によって自説に間違いが見つかったとしても、それが間違いだということがわかるくらい新たな進展があったことを、ダーウィンは喜ぶだろう、形を変えて何度か記されるという著者の想像です。まさしくその通りだろうと思います。繰り返し確かめ、間違っていたところもわかることによって、理解が進んでいくという、ダーウィン自身が加わっていた科学の進み方を表しているからです。本書は決してあのダーウィンが間違っていたという話ではありません。むしろ、このような形でダーウィンを、あるいは科学の進み方を称えているのだろうと思います。

本書の翻訳は、柏書房編集部の二宮恵一氏のお誘いにより手がけることになりました。同氏には出版に至るまでの作業全体についてお世話になりました。お礼を申し上げます。また装幀は鈴木正道氏に担当していただきました。記して感謝いたします。

二〇一九年一月

訳者識

ルッツィ、モンディノ・デ　25

れ

レイビオデンタル・ラミナ　154
レストン、ジェームズ　20
レタラック、グレッグ　141
レミントン、フレデリック　19

ろ

ロイヤル・アルバート・ホール　119
「ロックマン・エグゼ」　20
ロゴゾフ、レオニード　20
『ロスト』　20
ローズベリー、セオドア　42
肋骨、余分の　178
ローハン、リンジー　19
ローマー、アルフレッド・シャーウッド　18
ロメインズ、ジョージ・ジョン　88
ロンドン動物園　112

わ

ワイス、ロバート・アンソニー「・ロビン」　68
ワイツマン研究所（イスラエル）　182
ワイナプチナ（火山）　185
ワイルダー、ソーントン　19
『わが町』（ワイルダー）　20
ワシントン大学医学部　197
「ワーテルローの歯」　158

ムンク、エドヴァルド　21
ムンシ＝サウス、ジェイソン　188

め

メスティヴィエ、ジャン＝ヴァンサン＝ド＝ポール　30, 46
メッケル、ヨハン・フリードリヒ　37
『メディカル・ハイポセーシス（医学の仮説）』誌　114
眼（片方）の喪失　172
メリエ、フランソワ　46
メリック、ジョセフ　18
『メルク・マニュアル』　32
『メルボルン・ヘラルド』紙　94
メレディス、マイケル　182
メーレン、バスティアーン・クーン・テル　112

も

毛衣（毛皮）　54
毛髪　55
　赤の力　69
　陰毛　68
　陰毛と遠慮　70
　顔の毛、男　73
　毛の様子　51
　毛は少なく　73
　体毛　73
　と被毛と羽　55
「黙示録」（ヨハネ）　184
「モクスンの主人」（ビアス）　193
モートン、トマス　30
モンゴメリー、エリザベス　113

や

役に立たない人体の部分　177
　筋肉、さまざまな　179
　肋骨、余分の　178
　喉仏　177
ヤング、ブリガム　19

ゆ

癒合不全、背骨の　91

よ

『予言の書』（ノストラダムス）　184
ヨハネ（使徒）　184

ら

ライス円蓋　135
『人に乗る生命（ライフ・オン・マン）』（*Life on Man*, ローズベリ）　42
ラスキン、ジョン　70
『ラバーン＆シャーリー』　20
ラフェットー、ルイス　157
ラマルク、ジャン＝バティスト　14, 85
ラム、ニコライ　198
ラングセス、ハンス・N・　56
卵巣上体　180
ランダル、ヴァレリー・アン　52

り

リヴィングストン、エドワード　44
立毛筋　65
立毛反射（起毛）　66
リード、ウォルター　19
『リトルフット』第一二弾、「飛行動物栄光の日」　79
リビング・リンクス・センター（ヤーキーズ国立霊長類研究センター）　52
リュデヴィト・ユラク大学病理学科　26
リューベック大学（独）　132

る

ルイヴィル無名会　36
累代　149

『ヘンリー六世』（シェイクスピア） 154

ほ

ボアン、ガスパル 36
膀胱、生体工学による 171
包皮 176
ホークス、ジョン 186
ポゴノフォビア（髭恐怖） 63
ボストロム、ニック 199
ボストン小児病院 171
ポーター、コール 50
ボッチチェリ 69
ポチャピン、マーク 11
ホット・リップス（M*A*S*H*、マーガレット・ホリハン） 20
ポメランツ、アーロン 146
ポリープ予防試験 41
ボリンジャー、R・ランダル 43
ホロディスキア 142

ま

マカーティ、アーサー・C・ 36
マクバーニー、チャールズ 19, 47
マクバーニー点 19, 47
間違いなく余裕がある器官 171
マックス・プランク進化人類学研究所 182
『M*A*S*H（マッシュ）』 20
マーティン、ローレン・G・ 44
マネ、エドゥアール 70
瞬き 128
まばたき（瞬き） 130
マーフィ、ジョン・B・ 31, 47
瞼、第三の（瞬膜） 121
　解剖学 121
　痕跡器官 5
　世界の瞼 137
　人間の～ 126
　胚発生と 125
　瞼の構造の違い 126
　瞼の用途 122
　問題点 127
　リチャード・オーウェン 121
マレー、ジョセフ 158

み

ミイラ 20
ミイラ映画 23
ミイラ薬（ミイラで作った医薬品） 23
ミクリッツ＝ラデッキー、ヨハン・フォン 30
ミクロラプトル・グイ 79
ミケランジェロ 7, 44, 69
水から生まれた子 58
ミスター・ロボットの台頭 199
ミッチャム、ロバート 131
耳 97
　音の聞き取り方 101
　筋肉力学 111
　痕跡器官 5
　耳介 105
　進化 100
　（片方）の喪失 172
未来映画 196
『未来世紀ブラジル』 194
未来の人間 183
　進化の終焉 183
　次の進化 187
　人が人を改良する 189
　フィクションでの未来 193
　不確かなこと 184
　ミスター・ロボットの台頭 199
ミラー、ジェフリー 189
ミラー、ジェローム 114
ミラー、ポール・E・ 123

む

無眼瞼症 135

〜突起／突出　90
人間の尻尾　86
尾肢　90
脾臓　174
人が人を改良する　189
『人を動かす』（*How to Win Friends and Influence People*, トーマス）　167
「ビーナスの誕生」（ボチチェリ）　69
ヒポクラテス　19, 37
被毛　　髭　56
ヒューム、デーヴィッド　158
ビルガー、バークハード　189

ふ

ファロッピオ、ガブリエレ　37, 46
ファン・ゴッホ、フィンセント　99
フアン、ジョージ　159
フィクションでの未来　193
フィッツ、レジナルド・ヒーバー　28, 47
『フィラデルフィア医学報』（*Philadelphia Medical News*）　30
フィリップス、ジョン　149
フェニックス大腸がん予防医師ネットワーク　42
フェルネル、ジャン＝フランソワ　46
フェロモン　67, 181
フォックス、ジェイミー　130
フォーク、フランシス　119
フォシャール、ピエール　157
フォーダム大学　188
フォルツ、アドルフ　47
フックス、チャールズ・S・　41
「服装の発達」（Development of Dress, ダーウィン、ジョージ）
204, 206, 206, 211, 217
長ズボ　217
帽子　208
二重瞼　126
二つの眼、四つの瞼　135
フーディニ、ハリー　19
プライエル、ウィリアム・ティエリー　107
プライエル反射　107
ブラウニング、エリザベス・バレット　73
ブラウン、ピーター　153
ブラッドベリ、レイ　193
プラトン　120
フランシスコ教皇　172
ブルックス、ロバート　61
フレイザー、ガレス　159
『ブレイブ・ニュー・ワールド』　194
『プレイボーイ』誌（*Playboy*）　72
ブレット、レジーナ　130
ブレティ、ジョージ　102
『ブレードランナー』　194
プロコプ、パヴォル　66, 71

へ

平均寿命、アメリカ、出生児の　191
ヘッケル、エルンスト・ハインリヒ・フィリップ・アウグスト　87, 100
ページェル、マーク・デーヴィッド　60
PET（ポジトロン造影法）　167
ベラミー、エドワード　193
ベーリンジア　187
ベル麻痺　105
『ヘレディタス（遺伝）』誌　107
ベローズ、ジョージ・ウェズレー　19
ヘロピロス　24
ヘンドリクス、ジミ　130
ヘンリー・M・ゴールドマン歯科医学部（ボストン大学）　159

乳房、雄の　175
ニューサウスウェールズ大学（豪）　81
ニューマン、ジャック　176
『ニューヨーカー』誌　189
『ニューヨーク・タイムズ』紙　20
『人間の構造』（*The Structure of Man: An Index to His Past History*, 1893, ヴィーデルスハイム）　5
『人間の歯の自然史』（*Natural History of Human Teeth*, 1778, ハンター）　158
『人間の由来』（*The Descent of Man, and Selection in Relation to Sex*, 1871, ダーウィン）
5, 18, 50, 77, 82, 98, 101, 118, 121, 141, 175, 179, 184, 204, 207
『人間病理学』誌（Human Pathology）　91
人間未来研究所（オックスフォード大学）　199

ね

ネイチャー・コンサーバンシー　147
ネーションワイド小児病院　33

の

脳　167
ノース、ポール　143
喉仏　177
ノートルダム、ミシェル・ド（ノストラダムス）　184
ノーラン、フィリップ・フランシス　193

は

肺（片方）の喪失　172
杯状細胞　132
胚どうしの類似性　89
パーカー、ウィラード　30
パーカー、ウィリアム　42
パーカー、ドロシー　166
バーキット、デニス　19, 39
パーキンソン、ジョン　46
ハクスリー、オルダス　195
ハクスリー、トマス　7
麦粒腫（ものもらい）　135
バークレー、ジョン　119
派生形質　13
『パーソナリティと個体差』誌（*Personality and Individual Difference*）　131
パーソンズ、トマス　18
「裸のマハ」（ゴヤ）　70
パックスマン、ジェレミー　63
ハーディ、アリスター・クラヴェリング　58
パニッツィ、アントニオ　119
バーネイズ、オーガスタス・チャールズ　31, 47
「歯の妖精」細胞　160
ハーベニック、デビー　72
ハルステッド、ウィリアム　31
パレ、アンブロワーズ　23
半月ひだ　122
ハンコック、ヘンリー　30
ハンター、ジョン　158

ひ

ビアス、アンブローズ　193
比較心理学　88
『ビーグル号航海記』（*The Voyage of the Beagle*, 1845,　ダーウィン）　145
ピグロウスキー、ジョーリー　131
髭の代償、男性の顔の　64
尾骨→「尻尾」も参照　75
　痕跡器官　5
　～の擁護　93

　　と食生活　19, 38
　　針からメスへ　28
『虫垂炎と盲腸周囲炎』（Appendicite et perityphlite, 1892, タラモン）　31
中生代　150
『超執刀』　20
チンチョーロ・ミイラ　21

つ

ツェルウェーガー症候群　127
『月世界旅行』（De la Terre à la Lune（From the Earth to the Moon, 1865, ヴェルヌ）　193
槌骨、砧骨、鐙骨　104

て

DNA、ヒト科と　52
ディカプリオ、レオナルド　131
ディクソン、バーナビー　63
テイト、ロバート・ローソン　30
テキサス大学サウスウェスタン医療センター　43, 48
デューク大学　47
デュリア、キア　130
『天才少年ドギー・ハウザー』　20

と

トウェイン、マーク　95
『動物哲学』（*Philosophie Zoologique*, 1809, ラマルク）　14
『動物農場』
（*Animal Farm*, オーウェル）　9, 77
『動物発生論』（*De Generatione Animalium*, アリストテレス）　170
『動物部分論』（アリストテレス）　22
『時計仕掛けのオレンジ』　194
ドッキング（断尾）、論争　85
突然変異　14
ドネラン、マクスウェル　82
トーマス、ローウェル　167
トランスヒューマニズム
（超人間主義）　199
取り替えがきく器官　170
鳥肌　66
トルナヴァ大学（スロヴァキア）　66
トレーヴズ、フレデリック
18, 30, 47
トローウェル、ヒューバート・ケアリー　40
トロント小児病院　176
『ドン・キホーテ』（セルバンテス）　140

な

内眼角贅皮　126
内反　135
なくてもよい器官　167
　　足の小指　174
　　胆嚢　173
　　乳房、雄の　175
　　脾臓　174
　　包皮　176
ナショナル・ジオグラフィック・ラジオ調査隊　147
「南北戦争の歯」　158
軟毛　53

に

匂う耳＝匂う脇の下　102
ニクソン、マーク　110
『2300年未来への旅』　194
二尖頭歯（バイパスピッド）　155
日本女子大学物質生物学科（東京）　181
ニモイ、レナード　113
『ニューイングランド・ジャーナル・オブ・メディスン』（*New England Journal of Medicine*）　90
ニューイングランド大学
（メイン州）　153

そ

相同　14
足底筋　179

た

第1生歯（乳歯）　154
大英博物館　116
体温維持　59
大臼歯　155
第3大臼歯専門部会　157
第3の瞼→「瞼、第3の」を参照　117
胎児性アルコール症候群　127
大腸　171
大脳半球切除　168
『ダイバージェント』　194
『タイムマシン』（*The Tie Machine*, 1895, ウェルズ）　194
ダヴィデ像　70
ダーウィン、エラズマス　202
ダーウィンがいたところ　12
ダーウィン結節（耳介結節）　105
ダーウィン家の家業　202
ダーウィン、ジョージ　202
ダーウィン、ジョージ・ハワード　9
ダーウィン、チャールズ　5
　運命、人間の　184
　親知らず　140
　化石　142
　気性　121
　筋肉　76
　嘴　145
　尻尾　76, 84
　人体の進化　5
　生殖器の名残　180
　第三の瞼　118
　体毛　50
　虫垂　18, 27, 38, 45
　乳房、雄の　175
　猫、怖がる　63
　尾骨　76
　耳　98, 112
　未来　193
ダーウィン、フランシス　202
ダーウィン、ロバート　202
ダ・ヴィンチ、レオナルド　6, 19, 24, 45, 46
ダーウィンの6項目　6
ダーウィン用語集　12
ダウン、ジョン・ラングドン　127
タターソール、イアン　186
ターナー症候群　127
ターナー、テッド　19
タフツ大学歯科医学研究科　161
タラパカ大学博物館（チリ）　21
タラモン、シャルル　31
Talpid 2（ta-2、突然変異体）　89
ダレル、ロレンス　23
胆嚢　173
胆嚢摘出　173

ち

地質年代はどれほど古い？　149
「着衣のマハ」（ゴヤ）　70
チャーチル、ウィンストン　19, 34
チャドウィック、アレックス　147
チャールズ皇太子　108
中腎輸管　180
虫垂／虫垂炎　6
　エジプトのミイラ　20
　簡易年表、発見、診断、治療の　46
　形態は機能に従う　36
　誤診と民間療法　26
　細菌説　42
　〜と食生活　38
　先駆的な医師と患者　18
　穿孔　33
　ダーウィンによる　5

『食事には繊維を忘れないこと』（*Don't Forget Fibre in Your Diet*, バーキット） 39
ショート、アーサー・レンドル 38, 47
鋤鼻器官（VNO）、痕跡器官 181
ジョン、エルトン 19
ジョーンズ、スティーヴ 186
ジョーンズ、トマス 94
シルヴェストリ、アンソニー・R・ 161
歯列弓 155
シロナガスクジラ 143
進化
　～の終焉 185
　次の～ 187
　定義→「ダーウィン、チャールズ」も参照 14
『神経外科ジャーナル』（*Journal of Neurosurgery*） 91
心臓 170
腎臓（片方）の喪失 172
『身体諸部分の用途について』（*De Usu Partium*, ガレノス） 170
『人体の構造について』（*De Humani Corporis Fabrica*, 1543, ヴェサリウス） 25
神話上の生物、尻尾 79

す

水棲猿説 58
錐体筋 179
スウィー、ジェラルド 161
スコット、リザベス 131
スゴン、ポール 8, 44
『スターシップトゥルーパーズ』 193
スタール耳（エルフ耳） 109
『ザ・スタンド』（1978, キング） 19
『ズーノミア』（*Zoonomia*, 1794-1796, ダーウィン、エラズマス） 202
スヒルトハイゼン、メンノー 187
スプリンガー、マーク 148
スミス、ウィル 108
スミソニアン国立自然史博物館 142

せ

生殖器の名残 180
生殖腺（片方）の喪失 173
生命圏（バイオスフィア） 141
性毛 54
西洋的食生活 40
『西洋病』（*Western Diseases*, 1981, トロウウェル／バーキット） 40
イエナ大学生理学研究所（独） 107
『西暦100万年の人間』（*Man of the Year Million*, 1893, ウェルズ） 198
世界小動物獣医師会と動物の権利擁護獣医師会 85
「世界の起源」（クールベ） 9, 70
世界の瞼 137
『脊椎動物の解剖学』（*On the Anatomy of Vertebrates*, 1866, オーウェン） 121
『脊椎動物のからだ』（*The Vertebrate Body*, 1986, ロマー／パーソンズ） 18
関本弘之 181
セックス・ラボ 62
切歯 155
ゼム、クルト 47
施療院、パリ 46
セルバンテス、ミゲル・ド・ 140
先カンブリア累代 151
『1984年』（オーウェル） 194
先祖返り 13, 88

コロン諸島　12
痕跡器官、異論の余地ない、鋤鼻器官　181

さ

『サイエンス』誌（Science）　152
『サイエンティフィック・アメリカン』誌（*Scientific American*）　44
細菌説と虫垂　42
サイモン・フレーザー大学（カナダ、バーナビー）　82
サウサンプトン大学電子工学計算機学研究科（英）　110
「叫び」（ムンク）　21
鎖骨下筋　179
『猿の惑星』　194
サンティレール、ジョフロワ　148
霰粒腫（めぼ）　135

し

シェイクスピア、ウィリアム　98, 154
シェフィールド大学（英）　159
ジェームズ、ウィリアム　167
シェリ＝カシミール医療科学大学（インド）　91
耳介　99
弛緩　135
子宮移植　171
耳甲介　101
四肢と指の喪失　173
耳珠と対珠　101
始生代　151
次世代科学者（Next Gen Scientist、ブログ）　146
自然史博物館　120
自然生物多様性センター（ライデン、オランダ）　187
自然淘汰　14
始祖鳥　144
四体液　37
湿地遺体　21
尻尾　歩く、～で　81
　多才な　77
　～なしの暮らし　84
　人間の　65
　話す、～で　80
尻尾に関連する欠陥、人間の　91
「尻尾のある人間の種族の発見」（コール）　94
尻尾をめぐる魅惑の豆知識（ガラガラヘビ）　78
シデナム、トマス　29
耳動症　113
シナポモーフィ（共有派生形質）　13
シニスカルキ、マルチェロ　81
尻尾　77
尻尾の骨→「尾骨」を参照　86
シモンズ、チャーター　47
シャオム、シューハイ　143
『19世紀末における宇宙の謎』（The Riddle of the Universe at the Close of the Nineteenth Century, 1899, ヘッケル）　87
『十二夜』（シェイクスピア）　98
18トリソミー／エドワーズ症候群　109
手掌筋　179
出生時平均余命（平均寿命）　192
『種の起源』（*On the Origin of Species by Means of Natural Selection or the Preservation of Favoured Races in the Struggle for Life*, 1859, ダーウィン）　5, 83, 120, 200
主要組織適合遺伝子複合体（MHC）　67
瞬膜→「第三の瞼」を参照　121
情報・神経ネットワークセンター（CiNet, 大阪大学）　129

『ギネスブック』 26
　毛髪 56
　虫垂 26
『帰納的起源・遺伝学誌』(*Zeitschrift für Induktive Abstammungs- und Vererbungslehre*) 107
キプリング、ラディヤード 95
起毛反応（鳥肌） 65
共有形質 13
魚類野生生物局（米） 147
キング、スティーヴン 19
キング、メアリ＝クレア 51
筋肉、余分の 179
筋肉力学、耳の 111

く

クジャクの尾 83
クッシング、ハーヴィ 19, 31
グッドハート、チャールズ 71
クラカトゥア（火山） 186
グラッサー、マシュー・F・ 197
クラム、ロジャー 82
クラモン＝タウバーデル、ノリーン・フォン 153
クリスプ、トマス 34
グリパニア・スピラリス（最古の多細胞真核生物） 142
クルーガー、ダニエル 131
クールベ、ギュスターヴ 9, 70
グレイ、エイザ 83
グレイ、エフィー 70
『グレイ解剖学』 101, 132
クレールマンス、アクセル 169
クレーンライン、ルドルフ・ウルリヒ 30
クワン、アラナ 198

け

毛　人が失った経緯 58
形質 13
系統樹、人類の 51
結膜半月ひだ 124, 132
犬歯 155
原始形質 13
原生代 151
顕性累代 149
ケント大学（英） 153
現場救護所での虫垂と糧食 38

こ

甲状腺 171
国際意識科学会 168
国立がん研究所（米） 41
国立台湾大学病院小児科（台北） 91
国立トラウマ研究所（豪、メルボルン） 114
語源オンライン辞典 8
語源オンライン辞典（Online Etymology Dictionary at http://etymonline.com/） 149
コージー・アイトーク 127
鼓室 104
古生代 150
コネリー、ショーン 113
鼓膜 104
小麦ふすま繊維調査 41
ゴヤ、フランシスコ 70
小指、足の 174
コール、エドワード・ウィリアム 94
ゴールドベック、ゴットフリート 47
ゴルトン研究所（ロンドン大学ユニバーシティ・カレッジ） 186
コルバート、スティーヴン 113
『コール版おかしな絵本』(*Cole's Funny Picture Book*) 94
『コール版安上がり園芸ガイド』(*Cole's Penny Garden Guide*) 94
コロラド大学ボルダー校 82

ウェッブ、ウォリー　19
ヴェーデキント、クラウス　67
『ウェブスター新国際英語辞典』　8
ウェルズ、H・G・　193
ヴェルヌ、ジュール　193
ヴェルヘイエン、フィリップ　25
ウォーターストン、ロバート　52
ウーデル、モニク　80
産毛　53
生まれか育ちか、身長　190
ウミイグアナ　146
ウルナーチップ　106
ウルナー、トマス　106

え

エウスタキオ管　104
SRY（Yの性決定領域）　180
エディアカラ丘陵
（オーストラリア）　142
エディアカラ生物群　141, 142
エドワード7世　19
エラシストラトス　24
『エラズマス・ダーウィンの生涯』
（ダーウィン、チャールズ）　204
エラスムス医療センター（ロッテルダム）　112
エリス、メアリー・アン　110
エルフ耳　109
園芸、笑い話、尻尾のある人　95

お

オーウェル、ジョージ　9, 77
オーウェン、リチャード　118
王立外科医師会ハンター博物館　119
王立獣医科大学評議会（英）　85
王立薬剤師会（英）　63
オクラホマ州立大学　43
オーストラリア獣医師会　85
雄の乳房　175
OxfordDictionaries.com　141
オーデン、W・H・　76
オバマ、バラク　108
親知らず　139
　魚の歯とダーウィンのフィンチ　141
　痕跡器官　5
　最後の一口　160
　足りない骨と過剰の大臼歯　148
　人間の歯の成り立ち　154
「オランピア」（マネ）　70
オルセー美術館　9
オルダー、アダム・C・　43

か

『解放された世界』（*The World Set Free*, 1914, ウェルズ）　193
『顧りみれば』（*Looking Backward*, 1887, ベラミー）　193
『華氏451』　194
下垂　135
『火星年代記』（ブラッドベリ）　193
『ガタカ』　195
ガートナー管　180
カーネギー、デイル　167
カルピ、ヤコポ・ベレンガリオ・ダ・　24, 46
ガラガラヘビ、豆知識　78
ガラパゴス諸島　12, 145
『カルピ解剖学』（Anatomia Carpi, 1535、カルピ）　25
ガレノス、クラウディオス　22, 170
眼瞼炎　135
看護師健康調査　41
がんと食事　40

き

「キス・ミー・ケイト」（ポーター）　50

索　引

あ

「アイスマン」 21
『アイランド』 195
『アーカイブズ・オブ・サージャリー』誌（*Archives of Surgery*） 43
Astrobio.net 142
あの歯の名 163
アポトーシス 90
『アーマゲドン2419』（*Armagedon 2419 AD, Nowlan*） 193
アミアンド、クローディアス 30, 33, 46
『アメリカ医学誌』（*American Journal of Medical Science*） 28
『アメリカ医師会ジャーナル』（*Journal of American Medical Association*） 33
『アメリカ科学アカデミー紀要』（*Proceedings of the National Academy of Sciences*） 188
アメリカ口腔顎顔面外科医師会 157
『アメリカ歯科医師会ジャーナル』（*Journal of American Dental Association*） 161
アメリカ自然史博物館 186
アメリカ獣医眼科学会 123
アメリカ獣医師会 85
アメリカ小児科学会 177
アメリカ総合歯科学会 152
アリストテレス 14, 22
アリゾナ州立大学地球・宇宙探査研究科 143
アルハビブ、メイ 159
アレクサンドリア 24

い

胃 171
移植待機者リスト（米） 172
『一世紀分の一家の手紙』（*A Century of Family Letters, 1792-1896*, ダーウィン） 5
『E. T.』 198
遺伝的浮動 14
移動歯（motor teeth） 156
犬認知行動研究所、フロリダ大学（ゲインズビル） 80
衣服仮説 59
『イラストレイティッド・ロンドン・ニューズ』紙 62
インスリン 171

う

ヴァール、フランス・ド 52
ヴァレンティノ、ルドルフ 19, 131
羽衣（羽） 54
ウィキペディア 10
ウィスコンシン大学（マディソン） 186
ヴィーダースハイム、ローベルト 5
ウィルバーフォース、サミュエル（大司教） 7
ウィンストンの3つの不満 34
ウィンスロップ大学病院（ニューヨーク州） 43
ウェイクフォレスト大学医学部 171
ヴェイジー、ポール 63
ヴェサリウス、アンドレアス 25
ウェッジウッド、エマ 7

著者紹介
キャロル・アン・リンツラー（Carol Ann Rinzler）
健康に関する20冊以上の著作があり、その中のNutrition for Dummies〔馬鹿でもわかる栄養〕の初版は、アマゾン健康書籍ベストテンに入り、第6版は14か国語以上に翻訳され、英語圏だけでも15万部以上が売れた。コロンビア大学で修士号（ヨーロッパ史）を取得し、政治、市民生活に関する業績でニューヨーク州上院顕彰女性に選ばれたことがあり、ニューヨーク麻酔科医協会の第1回患者支援賞も受賞した。ニューヨーク市在住。

訳者紹介
松浦俊輔（まつうら・しゅんすけ）
翻訳家、名古屋学芸大学非常勤講師。訳書に、ロング『進化する魚型ロボットが僕らに教えてくれること』、シュルツ『まちがっている』（以上、青土社）、ジョンソン『イノベーションのアイデアを生み出す七つの法則』（日経BP社）、オレル『なぜ経済予測は間違えるのか？』（河出書房新社）、フィッシャー『群れはなぜ同じ方向を目指すのか？』（白揚社）、オコネル『トランスヒューマニズム』（作品社）、クヌース『至福の超現実数』、グラフィン／オルソン『アナーキー進化論』（以上、柏書房）など。

進化（しんか）する人体（じんたい）―虫垂（ちゅうすい）、体毛（たいもう）、親知（おやし）らずはなぜあるのか

2019年3月1日　第1刷発行

著　者　　キャロル・アン・リンツラー
翻　訳　　松浦俊輔

発行者　　富澤凡子
発行所　　柏書房株式会社
　　　　　東京都文京区本郷2-15-13（〒113-0033）
　　　　　電話（03）3830-1891［営業］
　　　　　　　（03）3830-1894［編集］

装　丁　　鈴木正道（Suzuki Design）
ＤＴＰ　　有限会社一企画
印　刷　　萩原印刷株式会社
製　本　　小髙製本工業株式会社

ISBN978-4-7601-5092-2　C0045